JN172036

和菓子職人
一幸庵
水上力

文　水上力　千葉望
写真　堀内誠

淡交社

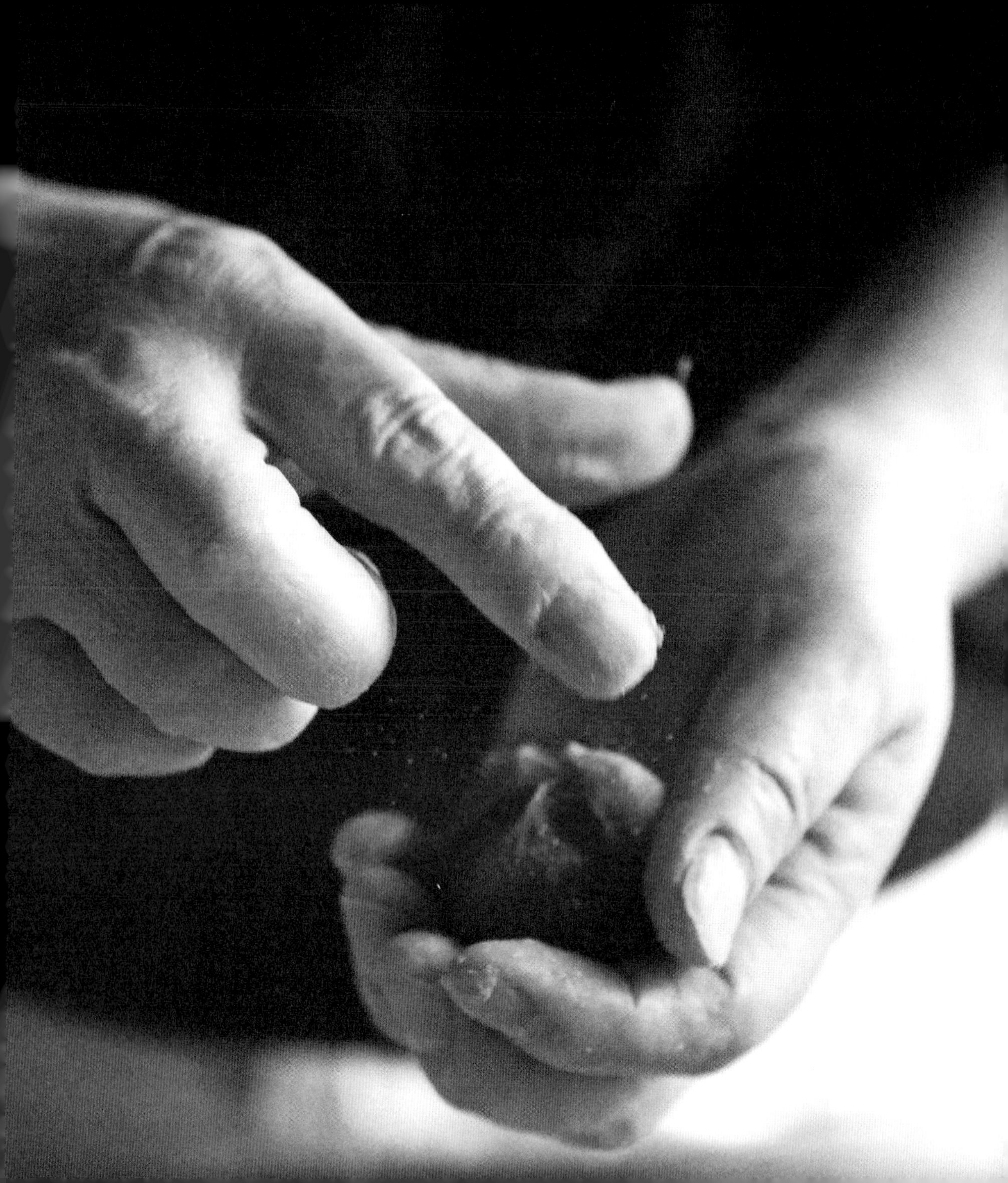

目次

和菓子職人 一幸庵 水上力

序文

和菓子の未来に光を当てるために

日本のお菓子には平安時代から続く長い歴史があります。紫式部の『源氏物語』「若菜　上」には「・・・・椿もちゐ（椿餅）、梨・柑子ようのものども、さまざまに函の蓋どもに取り交ぜつつあるを、若き人々、そぼれ取り食ふ。」とあるほか、清少納言の『枕草子』にも恋文と一緒に届けられた「餅餤（へいだん）」という菓子の話が登場するなど、中世にはすでに日常的に菓子が食べられていたことがわかります。

このように「菓子・果子」としての歴史は千三百年余りと思われますが、「和菓子」としての歴史は百五十年くらいでしょうか。実は「和菓子」という呼称は、明治維新後に使われるようになった言葉なのです。

長い歴史と伝統を持つ日本の食文化、その一端である食品を「洋菓子」に対比させて「和菓子」と呼ぶことが本当に正しいのでしょうか。パリのパティシエたちは「フランス菓子屋」という看板を掲げているわけではありません。日本の菓子屋だけが、自らを「和菓子屋」といって不思議にも思わなければ、疑問も持たなくてよいのでしょうか。

そもそも「和菓子とは何か?」と問われて、きちんと答えられる日本人が果たして何人いるのでしょうか。私たちは日本の菓子の将来のためにも、もう一度深く考えてみる必要があると思います。

お茶が「殿様」、お菓子は「家来」の美学

では「和」とはなんでしょう。聖徳太子（厩戸皇子）の「十七条憲法」には「和を以て貴しと為す」とあります。私は、古代の豪族による戦いが朝廷によって平定・統一され、安寧な国家が建設されて「大和」という言葉が生まれたのではないかと想像しています。「和」という文字が持つ意味を辞典で調べてみると、どれも安寧を表現し、自然に寄り添い、抱かれ、共生することにより生まれる心身の状態を表現しています。

「和菓子とは何か？」という問いの答えはまさにここにあるような気がします。和菓子は「茶菓子」であり「茶請け」であり、お茶を飲むことを前提とします。「茶を請け負う」ということには、お茶のおいしさをよりいっそう引き出し、よりおいしくすることを保証する意味があります。

お菓子を食べれば口の中に甘さが残ります。これを私は「甘さの余韻」と名付けています。この余韻がおいしいお茶を飲みたいという欲求につながり、一服のお茶を喫すれば口の中で甘さの余韻とお茶の渋みが調和して、その瞬間に「おいしい」という感情・感激が生まれてきます。

茶道では「濃茶（こいちゃ）」と呼ばれる濃く練られた一碗の抹茶を客が分かち合います。その一服が主役で、その前の懐石料理やお菓子はお茶をおいしくいただくための脇役です。

そしてお茶をいただいた時には、すでにお菓子は口の中から消え去っていなければなりません。これが日本の菓子職人の美学であり、哲学だと思います。そしてこれは武士の哲学書でもある『葉隠（はがくれ）』に通じるものではないでしょうか。

「茶菓子・茶請け」である以上はお茶が「殿様」であり、菓子は武士という「家来」でなくてはなりません。殿様を最高に輝かすための方策を持っていなくてはならないと思います。一服後にまだお菓子の主張が残っているようでは美学に反します。

お茶の味や香りはとても繊細で影響を受けやすいものです。そのため職人は細心の注意を払う必要があります。お菓子の材料に香料やお茶を使うことは邪道といわなくてはなりません。お茶の繊細さを壊すことは「殿様」を殺すこととなるのでご法度です。「忠臣は二君にまみえず」という武士の心構えと哲学を共有するものです。

また、和菓子職人は茶会の亭主のために最高の武士である菓子を作らなければなりません。私は外国人に和菓子を解説する時、最初に「和菓子はサムライである」と言います。自分を殺して主君であるお茶を生かす――このような和菓子職人の美学と哲学は、歴史に裏打ちされて作り上げられたものであり、大切に守っていかなければならない日本の資産だと思っています。

和菓子と洋菓子が淘汰し合う時代

日本は細長い島国です。寒冷地から温暖な地までであり、山地が多く、海流にも恵まれ、ガラパゴス諸島よりも多くの固有種が生息していると言われています。このような自然環境の中で、独自の進化を遂げたことによって、特徴ある日本の食文化が形成されていったのです。加えて、海外から運ばれてきた食品も、職人の知恵と努力で日本人の好みに合致した食品へと改良されていきました。その結果、現代の日本では実に多彩な食文化が花開き、日本人ばかりか訪日外国人にも喜ばれていることはご存じのとおりです。

隋や唐から移入された唐菓子・果餅十四種、南蛮貿易でもたらされた南蛮菓子、宋より禅宗の僧侶が持ち帰った点心などから進化した和菓子は、その典型と言えましょう。肉食文化の採集・狩猟民族の食品を農耕民族の食品へと改良し、完成させてきたのです。

単純な考え方かもしれませんが、肉食文化は狩猟・採集の文化です。狩りを中心とした生活では、その日その時々で食料が変化し、しかも今日の食料が保証されているわけではありません。獲物にありつけた時は、強いものから順番に満腹になるまで食べていきます。他のものは常に隙あらば横取りしようと狙っています。満腹になるまで食料にありつくためには、自分の存在を常にアピールしておかなければ消されてしまうからでしょう。その肉食文化を象徴するのが、それぞれの素材が存在を主張しながらハーモニーを保っているソースという存在です。素材の良し悪しというよりも、ソースで食べてもらう食文化です。

一方、日本は稲作を中心とした草食・採集文化の食文化で、秋の収穫時に一年分の食料を確保できます。そのため、日本人の食文化の根底にあるのは「腹八分目」の思想です。一年分の収穫量を三百六十五で割れば、一日に食べて良い食料の目安が分かります。そこに海・山で採集した魚や野草、栗などの木の実、草の実、獣肉などが加わり、比較的安定した食生活文化であったのでしょう。

食生活が安定していれば自らを主張する必要も薄く、自然の都合に合わせて、自然に寄り添いながら生活を営めたのだと思います。日本では新米や新蕎麦、和菓子の素材でいうなら新小豆が取れると、新穀を供える祭りを行い、全員がその味に酔いますが、そこにも農耕文化の特徴があると思います。

私は、こういう文化の違いがお菓子にも表れていると考えています。和菓子は植物性の素材を原材料とし、お茶を「殿様」に、お菓子はそれに仕える「家来」として存在します。一方、洋菓子は動物性の素材を主原料とし、材料それぞれが主張しあい、調和を保っているお菓子であると言えます。

また、こういう考え方もあるそうです。肉食を基盤とした食の理解は直感であり、うまみの強い肉を食べると、脳が瞬間に「うまい」「まずい」を判断します。しかし、草食を基盤とした食の理解は五感で判断して、しかるのちに脳が「うまい」「まずい」を判断します。まさしくお菓子に関しては洋菓子が直感で味わい、和菓子は五感で味わうという習慣が如実に表れていると思います。

しかし、これからの日本のお菓子は和菓子と洋菓子がお互いに切磋琢磨し合い、好影響を受けながらも、実際にはお互いを淘汰(とうた)し合う関係になるのではないでしょうか。結果的に生き残った菓子が新しい日本のお菓子として残っていくはずです。洋菓子でもなく和菓子でもない、「日本のお菓子」です。そのためには、和菓子は時代を敏感に察知しながら、原点に戻り、足元をしっかりと固めて洋菓子を迎え撃つか、戦いに打って出るかの覚悟が必要になると思います。

和菓子の非日常性

はじめに述べたように、日本の菓子には『源氏物語』や『枕草子』の時代から続く長い歴史があり、多くの職人たちが「大河のうたかた」のように消え、かつ結んで、その歴史に厚みや重みをもたらしてきたのです。しかし今、和菓子よりもむしろ洋菓子の方が日常的に好まれるようになり、和菓子は「非日常的」な存在になろうとしています。その中で私は「うたかた」の端くれとして、今日の和菓子の非日常性になんとか打開策を見つけたい、自分の納得するお菓子を作りたいと製作に取り組んでいます。

日本のお菓子は千利休による侘び茶の大成により、洗練され、京菓子という文化を生み出しました。天皇を中心とする公家の抽象表現による「見立て」の文化のもとに作り出され、磨かれてきたのです。茶菓子は茶道の発展とともに、より一層の完成された茶菓子文化を創造してきました。

他方、江戸では将軍の元で武家文化が生まれ、「うつし」の文化として武士の刀とともに具象表現の文化が熟成されると、お菓子も江戸菓子として新たな領域を切り開いて行きました。京菓子と江戸菓子はまさに「菊と刀」であり、和菓子文化の完成に重要な役割を果たしています。

しかし、今日、たかだか百五十年という「和菓子・洋菓子」の歴史が千三百余年の歴史のある「菓子・果子」を駆逐しようとしています。明治新政府の富国強兵策により、西洋の物理的・精神的な文化を無理やり日本に組み込み、鹿鳴館に代表される欧米至上主義へと走りました。これにより日本の職人がどれだけ職を奪われたか。そして欧米へのコンプレックスが日本を支配し、「和」の概念を「和と洋」という視野でのみ捉えるようになっていったと私は考えています。

そして第二次世界大戦で敗れた日本では、アメリカの圧倒的な支配とその政策によって欧米へのコンプレックスが「憧れ」へと変化していくのです。講和条約によって物理的占領政策が名目上終了した後には、精神分野への占領政策一辺倒になっていきました。私は団塊の世代で、まさにこの占領政策の真ん中で成長してきました。食は学校給食によるミルクとパン、洋食仕様の副食、精神文化では一九六〇年代のアメリカンポップス（オールデイズ）やハリウッド映画で育ったのです。

このため、団塊世代の主婦の得意料理と子どもたちの好物が一致し始めます。スパゲッティ、ハンバーグ、シチュー、カレー、ラーメンがその代表です。のちにこれがインスタント食品へと進行していくのです。さらにレトルト食品の出現により無国籍料理化が始まり、食文化の構造的な崩壊への端緒となっていきました。

かつてのおふくろの味はインスタントの「袋の味」へと進み、食文化の世界一元化が急速に進行しました。コンビニが日本中に広がり、今や和食は「世界遺産」となりました。日本人は草食・稲作の食文化を長い歴史の中で育み、体の構造もそれに伴って進化してきたはずなのですが、これを置き去りにして肉食文化へと走り始めたのです。このまま日本の大切な食文化

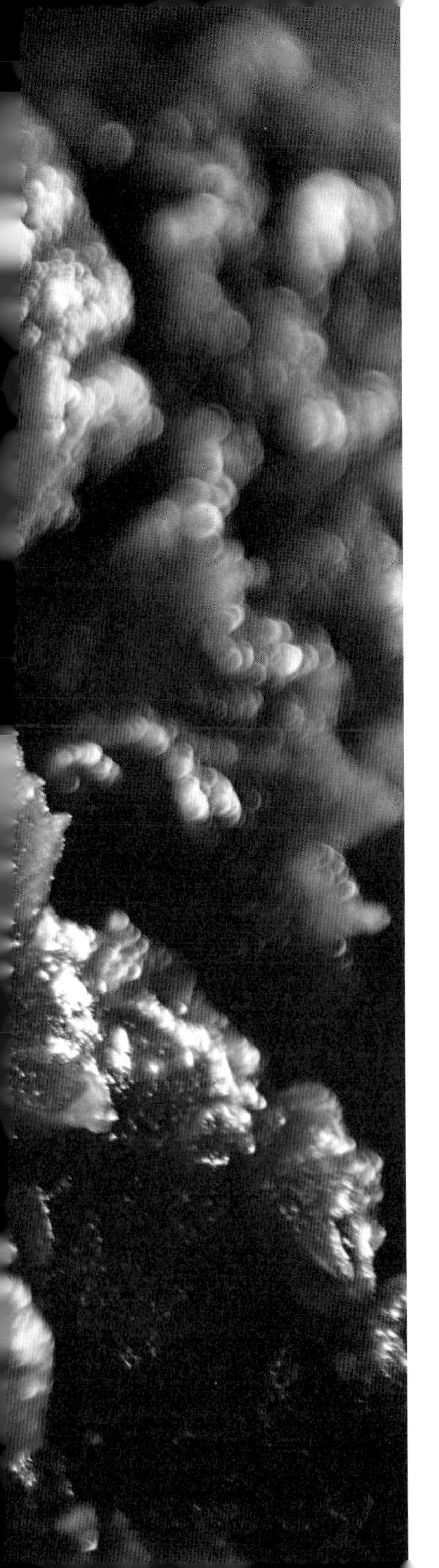

を欧米の食文化に占領されてしまっていいのでしょうか。

和菓子職人として自戒の念も含め、和菓子は今のままではいけないのではないのかと考えずにはいられません。なぜなら、営々と職人たちが受け継いできた和菓子の文化の中に異文化の菓子を消化し、和菓子へと昇華する力を見失いつつあるように思うからです。

和菓子とは小豆を使った「餡（あん）」のおいしさです。小豆の色や香りを認識し直さなければなりません。「和菓子ってこんなにうまいんだよ」と次の世代に胸を張って伝えられる大切な資産として、存在意義を発信していくべきなのです。素材そのものの風味を五感で味わう力を持った、日本人ならではのお菓子だと私は信じて疑いません。

和菓子をスローフードとして実践していこう

二〇〇〇年にイタリア・ピエモンテ州クーネオ地方の村・ブラで、「アルチゴーラ・スローフード協会」が設立され、「スローフード宣言」が発表されました。私は和菓子職人として全面的にこの宣言を支持しています。

味覚の均質化が極まったことは、日本の食文化において特筆すべき事態であり、和菓子にも大きな影響を与えていると思います。生産手段や輸送手段は飛躍的な進歩を遂げ、今では全国どこでも同時に同価格で和菓子が手に入るようになりました。私はこのことを肯定も否定もできません。

しかし、生産手段のマスプロ化は効率化を優先するあまり、機械が作りやすいように、品質を維持しやすいようにと研究開発が進んでいます。それは決して日本人の五感を豊かにする方向には向かいませんでした。何日経っても固くならない大福に、五感は必要とされるでしょうか。ふだんから丁寧に作られた大福を食べていない限り、むずかしいことだと思います。

私は、和菓子の最も大切な要素は「色気」であると信じています。この哲学のもと、日本の二十四節気七十二候や民俗行事、人の機微に触れるお菓子を作ってきたつもりです。本来和菓子とは、職人が仕事場での手作業で非効率に作るものなのです。一方、研究所で開発し、機械化された工場で効率的に作るお菓子は三日経っても劣化しないという不思議さ。さらにこれを当然だと思う消費者がいます。そこに「色気」は存在しません。

我々は今こそ、豊かな食文化を持っていた時代に回帰しなければ、永遠にそのチャンスを失うでしょう。生活は不便でも、精神的・文化的な豊かさに日々の暮らしが包まれていた時代、それが「和」です。

今こそ和菓子職人は、自分の足元を見直さなければならないと思います。和菓子とはどうあるべきか、その立ち位置をどこに求めればよいか。「和菓子のスローフード運動」を職人一人一人が始めなければならないのです。そうでなければ「和菓子」は絶滅危惧種となるでしょう。日本文化そのものを根底から支えてきた和菓子の文化をもっともっと力強く、職人の個性と感性と想像&創造力、そしてこれらの結晶である表現者としてのファンタスティックを持って、行動を起こす時が来たのではないでしょうか。

そんな想いでこの本を作りました。お読みいただければ幸いです。

水上　力

第一章

一幸庵のはじまり

和菓子屋の四男坊

東京都文京区のお茶の水女子大学にほど近い東京メトロ丸ノ内線茗荷谷(みょうがだに)駅を出て、春日通りを南東に三分ほど歩いて左折すると、「一幸庵」が見えてくる。めざして歩いてこないと見過ごしてしまいそうな静かな佇まいである。入り口の前には季節の花を植えた鉢などが置かれ、さりげなく和菓子と日本の四季との関わりを示している。その時季ごとに売り物のお菓子の名前が染め抜かれた幟(のぼり)が立つのもならいである。

扉を開けると、ガラスケースの中には季節の生菓子、周りの棚には焼き菓子が並べられているところは普通の和菓子店と同じだが、菓子作りに大切な素材が入ったガラスのビーカーや試験管が置かれているのが珍しい。押し菓子の木型もある。

「一幸庵」の主、水上力が腕をふるう工房は階段を上がって二階にあった。ピカピカに磨かれた大きな冷蔵庫がいくつも並び、銅の大きな鍋や木枠の裏漉(うらご)しがいくつも壁にかかっていた。ガス台の前には何種類ものヘラが並ぶ。火を入れながら材料を練る時、その材料にふさわしいヘラを選んでいるのであろう。

水上はステンレスの作業台に向かって、季節の菓子「西王母(せいおうぼ)」作りの真っ最中であった。桃をかたどった春の生菓子である。薄い桃色の薯蕷練切(じょうよねりきり)*1で餡を包み、なめらかに整えられ

た表面にヘラを入れて桃の形に作っていく。この間、三十秒もかかっていたかどうか。

これは父親から教わったお菓子です。いわゆる江戸菓子の典型ですよね。江戸は具象、京都は抽象という違いがあるんです。私は京都と名古屋で修業しましたから、東京に戻ってきたばかりの頃は父のお菓子に違和感がありました。その後は父親の技術を伝承したいと思うようになりましたが。

私は昭和二十三年（一九四八年）生まれ。戦前は父親が初台（はつだい）（今の新宿区初台）で商売をしていました。父親はもともと山梨の出です。山梨は海産物もないし米もあまり取れない。豊かな環境じゃなかったでしょうね。きょうだいで最初に東京へ出てきて、お菓子屋を創業して成功した。店の名前はやはり「一幸庵」。「幸」は父親自身の名前から一字をとってるけど、「一」のほうはきょうだいで一番目に上京したからということみたいです。私は父の店の分家として「一幸庵」を名乗っています。

当時は甘いものが好まれていて、父親の店もおおはやり。忙しくて売り上げの勘定をしている時間もなかったから、その日の売り上げは砂糖袋の中に入れておいて、翌日銀行が勘定してくれるぐらいお客さんが来ていたそうです。だけど戦争ですべてを失ってしまいました。

戦時中、父親は招集されて中国へ行きました。だいぶ苦労したみたいだけど、さいわい、怪我もしないで戻ってきてくれたんです。

戦後は荒川区三ノ輪（みのわ）でもう一度商売を始めました。ここでは甘いものならなんでも売っていたようです。でも当時の三ノ輪はドヤ街なんかがあって、ちょっと気性が荒かったし、治安も良くなかった。作ったお菓子をケースに入れておいたら、トレーごと盗まれたなんてこともあったという話を聞きました。両親は子育てには良くないと思ったんでしょう。豊島区南大塚に移りました。

私の記憶はそのあたりから残っています。兄弟は四人で、私だけ戦後生まれ。末っ子です。全員男。さぞかし賑やかだったでしょうね。お袋は私を生む時に女の子を期待していたらしいけど、残念ながら男でした。

両親は朝早くから晩まで休みなく働いていました。一年のうち休んだのは正月ぐらいじゃないかなあ。あんこは毎日炊くわけじゃない。週に一度かな。

父のあんこの味を訊ねてみると「覚えてないんだよなあ」という返事が返ってきた。小学校時代、忘れ物をして戻ってきた時、あんこを食べてまた学校へ行った記憶はあるという。水上にとってあんこを家で炊くことは当たり前だった。

さすがにあんこは無理だったけど、家ではやることがたくさんあるので、それはよく手伝ってました。配達、暮れの餅つき。できたお餅は外に出して冷ますんです。

学期末に通信簿をもらってくると、家でクリスマスケーキを食べて、それからすぐに餅つき。家は年末の準備で忙しいので、ケーキは外から買ってきました。今のような生クリームじゃなくて、硬いバタークリームの時代ですよ。それでも嬉しくてね。

戦後は甘いものがとても貴重だったから、景気も良かったんじゃないかな。何しろ砂糖水がおやつだった時代。菓子屋はどこも繁盛していたそうです。

テレビや洗濯機など、家電製品はなんでも近所で最初に入りました。電気屋さんが知り合いで、新製品が出ると家に持ってくる。甘味喫茶もやっていたので、そこにテレビを置いておくんです。プロレス中継なんかがあると満員になってね。ほら、力道山の最盛期だったからね。二階にも一台置いてありました。和菓子の組合や町会の集まりもそこでやっていました。

甘味喫茶を経営したのは、和菓子の店は夏場が暇になるからだという。かき氷や冷たいみつ豆などが喜ばれた。大塚は住宅街だが、ところどころにある商店街もきちんと機能していた。近隣の人たちを顧客とするだけでも商売が成り立っていた時代だった。

＊1　薯蕷練切（28頁）
白餡に求肥（ぎゅうひ）を加えて練り上げた一般的な練切に対し、山芋を蒸して裏漉しし、砂糖を加えて練り上げたもの。京菓子ではこれを単に練切ともいう。

喘息持ちの虚弱児

私はいわゆる団塊の世代ですね。何しろ子どもが多くて、中学では一クラス五十五人、高校は六十人。一学年十四組もあったんだから。今みたいに少子化の時代だと考えられないでしょ。

私の頃は教室にぎゅうぎゅう生徒がいて、先生の教壇の両側にも生徒が並んで、うしろの壁までびっちり。そこまで人数が多いと、先生の話を聞くやつと聞かないやつにはっきり分かれたね。先生も怒るより先にチョークが飛んでくる。コントロールが悪いと別のやつに当たるんだ（笑）。

力少年は偏食気味で体が弱かった。肉が苦手で食が細い。小学校の一年から六年までずっと通信簿には「虚弱児」のはんこが押してあったという。本人の記憶にはないが、小児喘息気味だったそうで、ずいぶん救急車で病院に運ばれたらしい。遠足に行くとき、バスの中では一番前の席、保健の先生の隣に座らされていた。それでもすぐにバス酔いしてしまい、「もう遠足にくるんじゃないよ。苦しむだけだから」と言われるほどだった。人数が多かったせいか一年生から六年生までクラス替えはなし。互いに気心も知れており、同級生にずいぶん助けてもらったという。

当時は野球人気が高く、少年の遊びといえば野球と相場が決まっていたが、水上はさほど熱中しなかった。もともと外で遊ぶよりも、何かを作ることが好きな少年だったのである。手先が器用だったのだろう。図画工作や裁縫、編み物などの授業は大好きで得意だったという。このことはのちのち、菓子職人となる上で大きな力となる。

高校時代は、公認会計士になろうと思っていました。夜、専門学校へ行っていたぐらい。いわゆるダブルスクール族のはしりだね。なんでそうなったのかは覚えていません。大学は商学部を選びました。当時はまだ大学進学率は高くなかったんだけど、何しろ人数が多いから競争率が高いわけ。浪人するのが当たり前という時代でしたね。しかも、入ってみると大学紛争真っ最中なんです。私もデモに行きましたよ。やらないとおかしいと思われるような時代だったからね。最初はくっついて行っていたけど、そのうちヘルメットをかぶるようになった。オルグ（勧誘）されるよりも自分から行った方です。当時はそういうのが普通だったし、特に政治的人間というわけではなかったんです。

デモと茶道の学生時代

彼が普通の学生たちと少し違っていたところがあるとすれば、茶道を習っていたことだろう。いったん大学の茶道部に入ったが半年で退部。家の近くに稽古場をかまえていた裏千家の先生に弟子入りした。和菓子を商う家の子なのだから、茶の湯の心得があるのは当然のことである。だが、水上の場合、やはり自分自身が好きだったことが大きいという。

お茶の稽古があるときには先生のところへ早めに伺い、掃除から何から全部やって、準備をしました。誰かに言われたわけじゃないです。だけど、お茶って点前（てまえ）だけじゃわからないことがたくさんあって、そういうことから学ばないといけない。先生も体調があまりよくなかったので、お手伝いしようと思ったんです。

まあ、好きだったんでしょうね。大学の茶道部でも準備はしていましたよ。それが普通だったのかなと思いますけれどね。
先生からは認めていただいたのか、盛んに「業躰さんに行きなさい」と言われました。裏千家ではお家元の直弟子のことを業躰といって、お家元のお宅に住み込みで下働きを含め厳しい修業を積むしくみがあるんです。先生がそうおっしゃるのは認めてくださったということなんでしょう。

茶の湯の稽古では、事前の準備が大切である。まずきれいに茶室の掃除をしたのち、炉の灰を整える。炭に火をつけて炉に運び、点前でお茶を練るときにちょうど良い湯相になるように考えながら炭を熾す。香を炷き、釜を懸ける。その日に用いる茶入にお茶を入れる。床の間にふさわしい軸を掛け、花器に季節の花を入れる。点前がしやすいように水屋の付近や道具を整える。茶碗に茶巾や茶杓を仕組む。菓子を菓子器に盛る。玄関も掃除をして水を打ち、少しだけ扉を開けておく。

全員がそうするわけではない。稽古に向かう姿勢やかける時間は人それぞれである。点前の稽古だけではわからないことを、水上は進んで学んだのである。その姿を見て業躰を勧めた師は、水上のまじめさを見込んだに違いない。業躰の修業とはそれほど厳しいものである。

お茶って言葉では理屈を教えませんよね。最初は先生の言う通りに足を運び、座ってお茶を点てるのが精一杯。何が何だかわからない。最初のうちは「次にどうするんだっけ?」なんて考え考え動くものだからギクシャクしてしまいます。でも、なんとなく気持ちの良い時間を過ごせる。

あるときハッと気づくんです。言われるままに動いていたことがとても無駄がなくて、合理的なんだって。そうなると考えなくても自然に手が動いて、流れるような動きだとわかる。たぶんこういうことって生活でも大事だし、仕事だともっと大事になってくる。

多感な学生の一人としてデモに行き、ダブルスクールで勉強もしながら、お茶の稽古へ熱心に通う。それなりに充実した学生時代だった。

ところが、大学四年の時に東大紛争も日大紛争も終わり、大学立法ができて、ほぼ大学紛争は終焉してしまいました。ちょうど三島由紀夫の割腹自殺事件があり、自分なりのショックを受けたんだね。将来のことを考えるようになりました。

まわりの学生は長かった髪を切り、大手企業を目指して活動していました。じゃあ自分はどうするかというと、商人の家に育っているからサラリーマンの生活を全然知らない。単純だけど、

「菓子屋になるしかない」

と思ったんです。

でも、いくら菓子屋に育っているからといって、和菓子のことを知っているわけじゃなかったんですね。そこでいろいろと本を買い集め、ひとつにまとめて卒業論文の代わりみたいなものを書きました。大学の方はゼミに属していなかったから、卒論は書かなくても良かったの。タイトルは『和菓子の丁稚的考察』。四年の夏休みからそれに没頭して、自分でガリ版も切り、和綴（わと）じの本にして五十部作ったんです。それを修業先にも提出しました。

修業先は父親に相談して決めました。父親の修業時代の仲間で、京都で商売をしている人がいて、その人を頼って行ったんです。紹介状を持って行ったんだけど、父親のことは覚えてなかったですね（笑）。でもちゃんと探してくれましたよ。

大学を無事卒業した力青年は、京菓子の伝統と技術を学ぶべく、京都へと旅立っていった。

第二章

修業と出会い

京都で学んだ干菓子と有平糖

学生運動にのめり込んだ時期もある水上力が古都での暮らしを始めた頃、東京と同じように激しい学生運動の余韻が漂っていながらも、伝統を重んじる和菓子の世界はまだまだ封建的な空気が残っていた。普通の勤めではない、住み込みの丁稚奉公だという覚悟はあったものの、若い彼にとっては戸惑うことも多かった。「プライベート」という言葉がこの世界では存在しなかった時代である。

京都の店では一年間販売も経験した。売ることを知らなければ作ることはできない。その哲学は正しいだろう。職人が作りたいものを作ってそれをお客が買うという関係性は成り立つが、格式の高い京菓子司であれば誂え(あつら)の菓子も扱う。お客様の要望を聞き、それにふさわしい菓子を作る。水上にはまだそのような仕事は回ってこなかったが、日々の菓子を買い求めるお客様と接することで得る学びはたくさんあった。どんなお菓子が好まれるのか、季節によって何が売れるのか。東京との違いも感じられる日々だった。

京都の修業先では特に干菓子(ひがし)[*2]を勉強させてもらいました。当時の関東では和三盆を使っていなかったので、私はその存在すら知らなかったですから。また、

旦那が有平糖（あるへいとう）に造詣が深い人でしたから、その作り方をずいぶん教えてもらいました。

有平糖の作り方にもいろいろあって、基本は砂糖に水飴を加えて煮詰めて作るんですが、普通は一〇七℃から一〇八℃で飴にしてしまいます。ところが旦那は一五〇℃まで上げる技術を持っていました。熱いからそれは作りにくいですよ。形が作れないし、すぐに湿気てしまう。

熱い飴をかぶったりしたら大火傷で死んじゃうような熱さなんです。でも仕上がったものは歯につかない。有平糖はパリパリした歯ざわりと、ほどよい甘さが身上です。高い技術でそれを出す。職人技ですね。

飴を伸ばしてさまざまな形を作っていく有平糖。季節によって松葉だったり観世水（かんぜみず）[*4]だったりといろいろだが、美しい色と艶、パリッとした歯ざわり、上品な甘みで親しまれ、茶道には欠かせない菓子である。大きな漆塗りの盆の上に何種類もの有平糖を美しく配置して、一幅の絵のように盛りつけようと工夫する茶人も多い。茶会に招かれた客はそれを眺めて、亭主の心入れやセンスを感じ取る。

一方では湿気と高い気温が大敵で、すぐに食感が変化し、歯につくので食べづらいと敬遠するお年寄りも少なくない。その点、京都の旦那が作る有平糖は見事だった。パリッと割れた後は口の中で溶けてゆく。

京都の旦那にはいろんなことを教えていただきました。でも、私は鬱々としてましたね。やっぱり学生運動を経験して、それまでの権威に抵抗するとか、自由にものを考えて発言することの大事さがわかっていたからかもしれない。当時でさえ「修業」という言葉が死語になりつつありました。

＊2　干菓子（42頁）
生菓子に対し、煎餅や落雁など乾いた和菓子のこと。乾菓子とも書く。

＊3　観世水（44頁）
渦巻水の文様で、能楽師・観世大夫の紋所であることからこの名がついた。

羽二重餅に開眼した瞬間

京都では干菓子を学べたが、水上はもっと生菓子を勉強したいと思うようになった。両方が作れてはじめて京菓子の職人だと胸を張って言えるからである。考えた末に修業の場を名古屋の川口屋へ移した。名古屋は茶道の伝統がちゃんと家庭に残っていて、お菓子の味にも厳しかったという。

名古屋のお菓子は京都系で、抽象的な意匠です。川口屋では忠実に京菓子の伝統を守っていましたね。旦那がお菓子を作っている時、「もうひとつ足りないなあ」と言われるので、「葉っぱつけたらいいんじゃないですか?」と言ったら、「そりゃあおまえ、江戸菓子だろう」って(笑)。京都でなら「なんや知らんけどもっさりしてまんなぁ」って言われるでしょうね。

名古屋では今も大切にしている財産を身につけることができた。羽二重餅(はぶたえもち)を作る技術である。白玉粉と餅粉を合わせて蒸し、砂糖と卵白で作ったメレンゲを加えて、ただひたす

ら練り続ける。シンプルなお菓子だが、工程ごとにコツがあり、それを自分で体得するには長い時間がかかった。

「これだ！」と思うようなものを作れるまでに十年かかりました。修業中はわからなかったんです。慣れてしまえばどうということもないんだけど、それまでが大変。決して難しいわけじゃない。ただ、こういうことなんだということがなかなか理解できない。

旦那は「こうするんだ」というような言葉では教えてくれません。教えられていたらもっとわからなくなっていたかもしれない。ただ、毎日何が違うのかと思うぐらい、いろんな注意はされるんです。メレンゲの作り方、混ぜて練るときの火の入れ方。「もうちょっと火を入れろ」「卵白をしっかり泡立てろ」「もっとよく練れ」ってね。下手をするとメレンゲが死んでしまう（泡がつぶれる）。そういう具合も微妙なんですよ。

ところがある日、餅を触ったときに「これだ！」とわかった瞬間が来て、それが衝撃でした。一回わかってしまえばそれが基準になるので今日練ったものが基準に近いかどうかもわかるんです。

結局、自分の店を持って十年経った頃、わかった瞬間がやってきた。その間に作った羽二重餅がよかったのか悪かったのか、今となっては自分でもわからない。今では自分で練って使えないものになることはほとんどない。だが、店で預かっている修業中の若者たちが練ると、かつての自分がそうだったように使えないものになる。「毎日練っても一生わからない人もいると思う」と言う。

お菓子はこういう風に作らなければいけない、こういうものを食べて貰えばお客さんもちゃんとよさを理解してくれ、それなりの対価を払ってくれるということをそのとき理解できたんです。それがわかったことは大きく、わかることによって肩の力も抜けて行きました。仕事にも余裕が出てきたと思います。そうなると不思議なもので、お菓子も丸くなったと思います。

こういうことは五年でわかる人もいれば、一生かけてもわからないままの人だっている。私の場合は十年で理解できたことがとても大きかった。「ああ、旦那はこういう気持ちが理解できるように育ててくれたんだな」と初めて腑に落ちました。すごい人だったと思います。

言葉であれこれ説明するのではなく、本人が気づくまで待つ。それは忍耐力の要ることだ。毎日口を酸っぱくして同じことを言い続けなければならない。人間は機械ではないから、卵白を泡立てるにも、餅を練るにも一人一人違う肉体でやっていかなければならない。体格も、腕力も異なるのだから、仕事のコツは自分で会得していくしかないのだろう。

水上は修業へ入ってくる若者に、「修業って何？」と尋ねることがある。すると彼らは「仕事を覚えること」と答える。だがそれだけが目的なら製菓学校へ行けばよい。水上がやっていることを見て、段取りの立て方、体の使い方、ものの考え方を肌で知って、その中から選び取ったものを自分の糧とすることが大切である。

さらに技術よりも、店の主人がどんなことを考え、どんなふうに学び、何を考えてお菓子作りに取り組んでいるかを肌で感じることである。何を食べ、どんな本を読んでいるのか。一見美しいお菓子を作っている旦那の食生活がいい加減では、本当にまともなお菓子は作れないだろう。また、日本文化に関心がない職人もダメだろう。伝統だけに埋没して満足しているのはもっと先がない。

京都と名古屋の修業は辛いことも多かったが、住み込みの間、ほぼすべての時間を注ぎ込むことによって、物事への立ち向かい方のようなものを会得できた。それが今の基礎となっている。

一生の「師」・岡部伊都子との出会い

苦しいことも多かった京都での修業の中に、一筋の光がさしたことがあった。随筆家として名高い岡部伊都子（おかべいつこ）との出会いである。

岡部は京都の風物や人々のこと、あの戦争と死んでしまった婚約者の思い出、反戦の志についてなど、さまざまなテーマを嫋々（じょうじょう）とした文章で綴り、高い人気を得ていた。特に京都の中では「岡部先生」といえば一目置かれる存在だった。

日曜日の午後だったか、河原町三条の本屋に入ったら、そこにあったのが岡部先生の『四季の菓子』（55頁参照）という本でした。タイトルに惹かれて手に取ったんです。四角い小さな本で、お菓子についての随筆が収められています。取り上げているお菓子のひとつひとつに挿絵も入っていて、今でも大事に持ってるんですよ。言わば、私にとってのバイブルです。

職人が作りたいものを作っているのはわがままなんだと、岡部先生の本から教えてもらいました。こんなにお菓子に対する慈しみのある人がいるんだな、そういう人のために自分もお菓子を作りたい、作らなければいけない。そう思って、すぐに岡部先生に手紙を書いたんです。私のことを取り上げた京都新聞の記事も同封しました。そうしたら、店に電話がかかってきて私に会いに来てくれたんです。旦那がびっくりして、「おまえ、先生に手紙出したのか？会いに来るって言ってるぞ」って。

岡部先生といったら「京都の母」と言われていたほどの方です。先生が会いに来られたのは五十歳ぐらいの時のことだったんじゃないかと思います。

『四季の菓子』から一編を引用してみよう。水上がいちばん好きだという「どろやき」と題する文章である。

おやつが途切れたのか、子どもの機嫌がよくなかったのか、「そんなら、どろやきしたげまほ」と、母はうれしそうな声をあげてたちあがった。

うす甘く味つけした水どきのメリケン粉をいれた銅の容器を傾ける。鉄板の上に細い口から流れる液で線画を描く。さきに描いた線がこんがり焼けた頃に、すきまに液を流した。平ったく焼いて裏返すと、くっきり絵が浮いた。

「ほら、藁ぶきの屋根の家のそばに、松の木がたってるとこ。今度はおかめの顔でっせ」。絵のパターンは、いつも決まっていた。母は勢よく馴れた手つきでフライパンからはみでるほど大きな絵を描いた。

幼い手では「なんでこんなにうまいことといけへんねんやろ」と思うほどゆがむ。それでも、子は自分で焼くたのしさに、われを忘れて熱中した。じけじけ底冷えのする長雨の季節など、母は子の「おなか」の安全をも考えて、どろやきで遊ばせたのかもしれない。

なんとも素朴なお菓子である。ほかにもいろいろな文章が載っている中で、なぜ水上はこの一編を選んだのか。

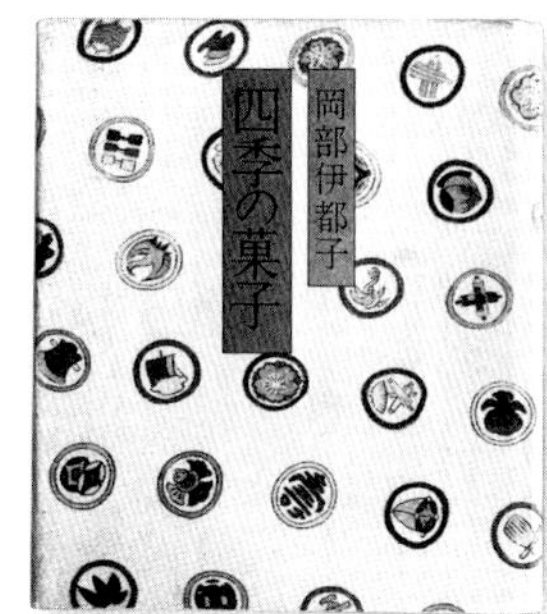

『四季の菓子』
岡部伊都子著　読売新聞社
一九七五年刊

どろやき

おやつが途切れたのか、子どもの機嫌がよくなかったのか、「そんなら、どろやきしたげまほ」と、母はうれしそうな声をあげてたちあがった。

うす甘く味つけした水どきのメリケン粉をいれた銅の容器を傾ける。鉄板の上に細い口から流れる液で線画を描く。さきに描いた線がこんがり焼けた頃に、すきまに液を流した。平ったく焼いて裏返すと、くっきり絵が浮いた。

「ほら、藁ぶきの屋根の家のそばに、松の木がたってるとこ。今度はおかめの顔でっせ」。絵のパターンは、いつも決まっていた。母は勢よく馴れた手つきでフライパンからはみでるほど大きな絵を描いた。

幼い手では「なんでこないにうまいこといけへんねんやろ」と思うほどゆがむ。それでも、子は自分で焼くたのしさに、われを忘れて熱中した。じけじけ底冷えする長雨の季節など、母は子の「おなか」の安全をも考えて、どろやきで遊ばせたのかもしれない。

82

私たちが作るお菓子って食べる人の顔が見えないわけです。でも『四季の菓子』に書かれているのは食べる人の視点から見たお菓子のこと。お菓子でいちばん大事なのは食べる人の気持ちなんだなあと思えました。子どもが親のためにお菓子を作ったら、それは世界でいちばんうまいわけ。われわれにはない部分なんだよね。われわれが作るお菓子はお金をいただくんだから、おいしくできて当たり前なんです。

砂糖の入った小麦粉（メリケン粉）を焼いただけの素朴な「どろやき」。それが岡部の手にかかると、母親の愛情がたっぷり入った香ばしい焼き菓子に変身する。愛情と思い出を隠し味に、母があやつるフライパンの熱気、焦げていくときの香り、ほんのり甘い味わいまで伝わってくるようだ。

*4数寄者（すきしゃ）の茶会に使われるような水上の生菓子は洗練の極みにある。材料は吟味され、味も形も色合いも、うるさ型の茶人に好まれるレベルに達している。だがその水上にして「かなわない」と思うのが、岡部のどろやきに象徴されるような作り手と受け手の間に通う「こころ」なのだ。

その後、水上が独立して店を持ってからも、岡部と水上の付き合いは続いた。岡部が東京で講演がある時はわざわざ店に寄ってくれた。

京都への家族旅行の際に訪れた岡部氏の自宅にて。穏やかな笑顔に、親交の深さがうかがえる

一度お会いしてからは著書を送ってくださいました。一幸庵に来られた時は「先生なんて言わないで。いっこちゃんって呼んで」と言われたんですよ。親しみを込めてくださったんでしょうが、さすがにそれは無理でした（笑）。先生が六十歳を過ぎてからのことだけど、ご自宅を訪ねたら、娘が一緒だったからか歌まで歌ってくださったんですよ。私の方では先生の落款（らっかん）を焼印で作って、麩焼きのおせんべいに絵を描いて落款も押したのを「伊都子せんべい」と名付けてさしあげたの。「先生だけのお菓子ですよ」って。その時はもう、先生はご病気をされて味覚を失っていたのだけど、喜んでくださいましたよ。

水上は修業に来る若者たちに必ず『四季の菓子』を読ませることにしている。文章に漂うお菓子への愛情、香気のようなものをわかってほしいからだ。岡部の思い出を語るとき、いつも自然な笑顔になる。心から尊敬し、慕った人の姿を思い浮かべているのだろう。

＊4　数寄者（56頁）
風流の道を好み、これに携わる人のことで、近代以降は特に茶の湯において用いられる呼称。

第三章

職人としての大成

一国一城の主となる

京都と名古屋での修業を終え、東京に戻ってきた時、水上は二十八歳になっていた。やがて両親の応援も得て、茗荷谷に父の店の分家として「一幸庵」を持った。

茗荷谷界隈は近くにお茶の水女子大学があり、名だたる文教地区である。江戸時代は広壮な武家屋敷が多かったところで、今も大きな邸宅や豪華なマンションが建っている。茶道に親しむ人々も多く、お菓子の味には一家言持っていた。

水上の作る上品で味の良いお菓子は、文化度の高い住民が集まる茗荷谷で静かな支持を集めていった。季節毎に出される、抽象的で典雅な菓子は京と江戸の伝統をほどよくミックスしており、日本の行事を大切にする人たちや茶人からも受け入れられ、誂えの菓子の注文も入るようになった。

「一幸庵」のお菓子は決して安くはない。町の商店街で買う草餅や大福、団子などに慣れた目で見るのか、「ケーキみたいな値段がついてる!」と驚く人もいる。だが水上は素材にこだわり、時には高価なものも惜しげなく使う。価値に見合った価格がついているのだ。それをわかって買ってくれる客の多い土地に出店したことが、今の成功につながっていると言っていいだろう。

水上は毎日コツコツお菓子を作り、地道に商売をして、店を構えた際に借りたお金を順調に返していった。幹線道路である春日通りに面していたこともあり、お菓子を売るだけでなく甘味処も経営した。近隣の大学や高校に通う学生向けにあんみつなどを商う。夏場はかき氷が人気だった。手作りのあんこに丁寧に作られた寒天の入ったあんみつは、さぞおいしかったことだろう。

仕事ぶりを見せるだけの「お見合い」

妻の道子とは常連客の紹介で見合いし、結婚した。その客はお菓子を買いながら、ちゃんと仕事ぶりを見ていたのだろう。まじめで働き者、作るものは確かな若者。「あなた独身なの？　じゃあ、私がお嫁さんを見つけてくるから」という客が何人もいたという。当時はそういう世話好きの女性がよくいたものだ。彼女たちがいなければ、お菓子を作ることに朝から晩まで夢中だった彼は「お嫁さん」どころではなかったにちがいない。

結局、店のご贔屓の奥様が連れてきた女性と見合いをしました。見合いとは名ばかりで、私は仕事をしているわけ（笑）。話せることといってもお菓子のことしかありません。「いいから、あんたは仕事してなさい」と言われて、彼女に仕事ぶりを見せるのがお見合いだったんです。

家内の実家は富士山の登山口にある旅館です。商売をやっている家の娘だから、違和感は全くなかったですね。とんとん拍子に話が進んで結婚することになりました。

そこでも仲人の奥様が全部面倒をみてくださいました。結婚準備は何から何までお任せでした。急に話が決まったものだから、会場を自分で探すなんてとても大変で無理だったと思います。

これだけは人任せにできないというものがあった。結婚に伴う行事に使うお菓子作りである。菓子職人としては一世一代の腕の見せ所なのだ。

まずは結納用に「蓬莱饅頭(ほうらいまんじゅう)」を作った。大きな饅頭に詰まったあんこ。その中に小さな饅頭が散らばっている。半分に切ると、色とりどりのあんこが綺麗に姿を見せ、おめでたいことこの上ない。引き出物の干菓子も自分で作った。京都の旦那に厳しく仕込まれた菓子である。

結婚後、道子は家庭を守りつつ、商いでも水上の支えになった。店舗は一階、工房は二階にある。店舗で接客をしながら、さりげなく二階にも気を配り、手が空けば工房で作業を手伝う。あんこを餅で包む作業など、手馴れたものだ。

娘の結婚式では、ケーキ入刀の代わりになる大きな和菓子を四つ作りました。

大きなステンレスの箱四つ分だもの。

まず小倉羹(かん)、その上にチョコレート羹、その上に「松風(まつかぜ)(味噌風味のカステラ風の菓子）」。そして一番上に練切を敷いて、鶴と亀と寿の文字、それに新郎新婦の名前を入れました。それを二台作って一つは入刀用、もう一つはプチケーキとして切り分けて参列した方々にお持ち帰りいただいたんです。全部、娘の希望通りにしました。

二十八で店を持ち、二十九で結婚。三十で長女が生まれた。道子と結婚してからも借金を返すことに精一杯で、自分の給料はそちらにまわした。生活費は店で働く道子の給料で賄っていた。自分たちの働きが店の明日につながる。その実感が若い二人の支えだった。

やがて春日通りに面していた店舗が都市計画の場所と重なり、移転せざるを得なくなった。今の店は春日通りを入ってすぐのところにあるが、幹線道路の路面店に比べれば目立たない。うっかり素通りしそうな控えめな佇まいである。

だが、それが「一幸庵」にはちょうどよいのかもしれない。水上を中心に修業の若者が二、三人。手広く売上志向でやるよりも、納得できる仕事をしていくには、派手な商いよりも自分の目が行き届く世界を守ることのできる規模である。

一茶庵

あんこの「色気」を追い求めて

二人の間に生まれた長女は、現在「一幸庵」の近くでカフェを経営している。基本的には口を出さないが、相談事には応じるという距離感だ。水上が相好を崩すのは、一幸庵の社長である次女の息子の話になった時である。

朝、幼稚園に行く前に工房に寄って、

「おじいちゃん、あんこちょうだい」

とあんこを食べていくの。

上等な小豆と砂糖で炊いた控えめな甘みのあんこ。和菓子店にとってはいのちともいうべきあんこが、孫の大好物なのである。水上は材料をとことん吟味して、納得のいくものしか使わない。おいしく、からだに良いあんこである。だから自信を持って孫にも食べさせることができる。

月給をもらうようになったら水羊羹（みずようかん）を思い切り食べたいとか、もう長くないと

言われた病人が、うちの水羊羹は食べられたとかね。そういう話を聞くとやっぱり嬉しいですよ。

あんこは和菓子の基本だ。あんこがまずければその店の菓子はまずいと言ってもいい。だが、このあんこがむずかしい。よい原料を手当てするのはもちろんのこと、灰汁（あく）の取り方、漉し方にも職人の個性が出る。中にはまったく灰汁を取らずにあんこを作る職人もいるという。

和菓子屋にとって、製餡はもっとも大切な仕事のひとつです。神経も使いますし、時間もかかります。味はもちろんですが、何より餡の色が肝心です。絶妙なタイミングで灰汁取りをして作ったあんこは、紫色でもない、藤色でもない、えんじ色でもない、私だけの「小豆色」をしています。この小豆色を着物にうつすことができたら、どんな女性が着こなせるのかなって、思わず女優の顔を思い浮かべることがありますよ。それくらい餡の色には、和菓子職人の美学が表れているんです。和菓子職人が百人いれば、百通りの小豆色があると言っていい。だから、納得のいく色にできあがればホッとしますし、逆に灰汁取りのタイミングがずれて少しでも理想の色から離れると、この餡が無くなるまでずっと不機嫌。同じ空間にいる人たちはもう針の筵ですよ(笑)。

彼が修業時代に出会った粒餡は明るく透き通っていて、まるで真紅のルビーのようだったと言う。その例えようのない美しさに目を奪われた。

和菓子にとって一番大切なのは「色気」だと思っています。業種の異なる職人に色気の話を持ち出すと、多くの人が共感してくれます。農業者は「色気のない野菜は売れない」「炊き上がった新米の香りや艶にえも言われぬ色気を感じる」と語り、竹籠職人は「編み上げた竹籠の色気に見とれてしまう」と言いました。それぞれに感じ方は異なるのでしょうが、職人に共通する感覚なんでしょう。私は修業時代から今日に至るまで、漉し餡と粒餡の例えようのない色気に和菓子のすばらしさを教わり、勉強させられているように思います。

そういって水上は、明日仕込みをするという小豆を見せてくれた。水の中で静かに出番を待つ小豆は、水分を含んで丸く膨らみ始めている。ここからいくつもの工程を経て、和菓子愛好家をうならせる「一幸庵」のあんこが生み出されていくのだ。

漉し餡には北海道産の「ふじむらさき」という銘柄の小豆を使っています。前日に小豆をよく水洗いしてから水に漬けておき、翌日、十分に水を吸って膨らんだ小豆を釜に入れて火にかけます。暫くすると、驚くほど灰汁が出てきます。もともと小豆は灰汁がすごいんですよ。最初の灰汁の泡なんて固いですからねえ、クリーム状になって出てくる。これをザルにあけて水洗いし、新しい水で再び炊きます。これを四回繰り返す。炊き上がった小豆を裏漉しして水で晒したら、はじめに八十メッシュの篩（ふるい）で通し、その後に百メッシュの篩で裏漉しをしてから、水が澄むまでまた数回晒します。最後に水を絞って白双糖（しろざらとう）と混ぜ、練り上げる。このときに注意するのは、餡に十分に火を入れる（加熱する）こと。火の入らない餡より、焦げた餡のほうがいいと言われるぐらい、火を入れるということは大切です。

粒餡には最高級小豆の「大納言」の大粒を使います。前日の作業は漉し餡と一緒で、水を十分に吸って膨らんだ小豆を一回だけ煮こぼし、灰汁をとります。そして、豆が煮くずれる直前まで炊き、そこで白双糖を入れ、一昼夜蜜漬け状態にします。この間、一回も杓子は入れません。

漉し餡には小豆の香りが求められ、粒餡には小豆そのものの味が求められます。

小豆が一番上等なのは新小豆の出回る十一月頃からで、新物が入荷してきたときは、その色や味、香りに五感が震え、刺激され、和菓子職人にとってまさに至福のひと時です。この季節には新物で作った餡を皆で味見するんですが、口に入れた瞬間から自然と笑顔になっちゃう。

やっぱり小豆は自然の原材料なので年によっても全然違います。雨が多くて日照量が少なかったりすると、やっぱり味は落ちるね。いろいろと違う材料をどういう風に使うかということが大事で、平均化して味が落ちないように作っていかないといけない。触っただけでそういうことがわかるようになるには、相当の経験が必要になってきます。水羊羹なら毎年寒天の配合を変えていく。葛にしても白玉粉にしても、一種類だけで作ることはしない。まぜて平均値を取るわけです。

長年の経験と研究。それが続いて、今のあんこの味ができている。ひとつのレシピをかたくなに守っているわけではない。お天道様次第でいくらでも変化するのが農作物なのだから、それに合わせて知恵をしぼる。それが職人の基本である。

いつも暖かく見守ってくれた恩師

話を聞いていると、長年の経験と実績が彼をゆるぎない存在にしていると思う。あんこを語るとその口調はより熱を帯びる。もっとも、基本となるあんこが今、おろそかにされていることへの疑問もあるのだろう。彼の言葉は手のひらが生んだものであり、言葉数は多くないが、強く確かである。

だがそれは、成功後の姿しか見ていない人間だから思えることかもしれない。身近な人々は、一歩一歩歩む彼の姿に一喜一憂してきたにちがいない。

たとえば、小学校時代、水上をとても可愛がってくれた先生がいた。その頃はからだが弱く、しばしば学校を休んだ。しかし先生は虚弱児である水上にやさしく、いつも気を配ってくれた。

修業に出てから先生のお宅へ行って、

「先生、十年経ったら東京でいちばんの和菓子屋になるから」

と言ったことを覚えています。さすがに十年では無理だった（笑）。でも先生はそれを楽しみにしてくださっていました。

商売を始めた後は、週に一度は店に来てくれたという。成功後、講習会を開くときは、
「見に行っていいかい?」
と言ってくれるような恩師だった。だが、今の店を建てた時、体調を崩して入院していた。

落成してオープン後、二、三カ月ぐらい経った時のことですが、先生の奥さんから電話がかかってきたんですよ。先生が病室にいないけど、お宅に行ってないかって。「いらしてますよ」とお返事しました。見たかったんでしょうね。ご病気だったのに階段で上がって、工房と住まいを見て、帰りは私がおぶって階段を降りました。ご病気でご自分では歩くのもおぼつかない状態なのに、看護師さんに嘘を言ってまで来てくれたんです。

糖尿病になられてから最後の方は、うちのお菓子も半分とか四分の一しか食べられなかった。それでも私のお菓子を楽しみにしてくださっていました。

先生にとって、私はいくつになっても気にかかる子どもだったんでしょう。その後お客さんから聞かされた話ですが、先生はいろんな子どもの家庭訪問に行くと私の話をして、「あの子は成績こそ良くなかったけど、学校を出てから一所懸命に働いてちゃんと店も持ったから、おたくも心配することはないですよ」と励

ましていたんだって（笑）。

「成績は良くなかった」という水上だが、手先が器用で絵や工作は得意だった。また、好きなことには熱中する力も持っていた。それを見守り、励まし、長じて和菓子の道に進むとそれも応援してくれた。

写真集『ＩＫＫＯＡＮ』（次頁参照）が出たとき、先生はもう亡くなられていました。奥様にお送りすると、さっそく仏壇に供えてくださったそうです。

文教地区で育ったので、小学校ではたくさんの秀才に出会った。彼らは中学受験をするなどして、名門大学へ進み、官界や大手企業へと羽ばたいて行った。だが今はほとんどがリタイアし、「毎日が日曜日」だという。今も店を発展させ、時には招かれて海外へ和菓子の技術指導へ出かける水上は現役そのものである。

写真集

『ＩＫＫＯＡＮ　一幸庵　72の季節のかたち』

著者/水上力、南木隆助
体裁/228mm × 226mm 上製 194頁
青幻舎刊

立春や夏至など、季節の節目を表す「二十四節気」を更に細かく分けた言葉「七十二候」をテーマに、七十二種類もの新たな和菓子の創作に挑んだ写真集。そもそもはクラウドファウンディングによる限定印刷で、「一幸庵」店頭やオンラインなど一部でしか購入できず完売していたが、青幻舎より新装版として復刊。日本人の感性を和菓子の世界で表現した意欲作として、国内外で話題を呼んだ。日・英・仏3か国語対応。

水上力の和菓子

「七十二候」の和菓子を作る

「一幸庵」が軌道に乗り始めた頃、水上はお菓子を発注してくれる茶人たちのためにたくさんの菓子を作り、自分で自転車をこいで持って行ったという。夜、翌日の茶会のために作ったお菓子を荷台に積み、坂の多い東京の街を行く。茶会が終わればさまざまな感想や次への注文が届いた。学生時代、茶道の稽古に打ち込み、師匠から「裏千家今日庵の業躰に行ってはどうか」と勧められたほどの水上である。ひとつひとつの仕事が楽しかった。

今も彼はその気持ちを持ち続け、二〇一六年に『ＩＫＫＯＡＮ　一幸庵』という写真集を出した。ここでは季節の移ろいを表現した言葉「二十四節気七十二候」の「七十二候」に合わせて、七十二種類のお菓子を新たに作るという挑戦を行った。そこには水上の学んできた技術、彼の感じる日本の文化と季節感、遊び心が詰まっている。

たとえば第二十五候「蟷螂生（かまきりしょうず）」。

カマキリという昆虫の中でも攻撃的なかたちを持った生き物をお菓子にするにはどうすればよいか。試行錯誤が続いた。最初のうちはカマキリと同じ緑色のこなしで「鎌」の部分を作り、土台となるお菓子の上にのせてみることを考えた。だがそれではわかりやすすぎる。

蟷螂生

カマキリの卵って泡みたいになって木の枝にくっついているでしょう。それをお菓子にすることを考えました。

そこで漉し餡で「浮島（うきしま）」の生地を作り、それを蒸して、木の枝に見立てたシナモンスティックを挿してみたんです。浮島に見える細かい気泡がカマキリの卵なんです。

浮島とは漉し餡を主な原料に、小麦粉や上新粉（じょうしんこ）（うるち米を加工した粉）、卵を加えて作る。卵白を細かく泡立てたふんわりとした生地のおいしさを楽しむお菓子だ。ほのかにシナモンの香りが漂う。シナモンを使った和菓子はときどき見かけるが、スティックをそのまま挿すとは思い切りがよい。

蓮始開

第三十二候「蓮始開（はすはじめてひらく）」では、わかりやすい花から離れた表現になっている。花を型で抜いた落雁は仏前のお供え物としておなじみだが、それとの違いを見せなくてはならなかった。

蓮は咲く時に「ポン」と音を立てるというでしょう。実際には立てないけれども、そう思えるように開く。その音をなんとか表現したいなあと思って、普通ならいくつも割れ目の入る黄身しぐれの材料を調整して、大きな割れ目がひとつ入るようにしました。上にこなし[*5]で作った小さな花びらをひとつ。それが花の表現です。

❖

第五十八候「虹蔵不見（にじかくれてみえず）」。これは第十五候「虹始見（にじはじめてあらわる）」と対になっている。「虹始見」では、雨水が流れるさまを表現した透明な錦玉羹[*6]（きんぎょくかん）

虹始見

虹蔵不見

の中に桜の花びらを加え、その上に七色の羊羹をアーチにして渡してある。雨上がりの空に現れた虹があざやかに表現されている。

一方、「虹蔵不見」では七色の羊羹は消え、雲に見立てて動きを作った錦玉羹の上に、見えない虹を模した七つの丸い錦玉羹をのせた。晩秋を味でも表現するために、柚子（ゆず）の果汁で風味を加えてある。

この写真集を作った時は特にスケッチを描いたりはしなかったですね。全部頭の中で考えて、あれこれ試作品もこしらえました。

雲のような凹凸はパラフィン紙をくちゃくちゃにしてその上に寒天を流して作りました。丸いのは同じ寒天を輪っかで抜いたものをのせて、溶いた寒天でくっつけてあります。虹をそのまま作ってもおもしろくないからね。「虹始見」の裏を取るつもりで。

どのお菓子も、発想を支えるだけの技術がなければ作れない。「どのように作ったのか」と訊けば水上は淡々と答えるが、誰もができることではないだろう。七十二種類ものオリジナルなお菓子を、「七十二候」が表現する季節感とともに表現する作業は、苦しくも楽しくもあった。

幸い、写真集は日本ばかりか海外でも話題を呼んだ。最初から海外でも販売することを考えて英語とフランス語での解説が添えてあったことも効果的だった。

独自の表現がなされていることに加え、食べておいしいことを水上は重視する。「おいしい和菓子」がすべての根っこにあるのは、戦後甘いものに飢えていた時代から、ずっと和菓子店が味を軽んじてきたという口惜しさがある。もっとも、七十二種類のお菓子はほとんどが販売されることなく、撮影チームのおなかに収まった。

＊5　こなし（85頁）
蒸し菓子の一種で、漉し餡に小麦粉と薯蕷粉などを加えて蒸しあげ、柔らかく揉みこなしたもの。

＊6　錦玉羹（85頁）
寒天に砂糖や水飴を加えて煮詰め、冷やして固めた夏の涼味菓子。錦玉糖、琥珀ともいう。

至高の名器に自らの菓子を盛る

水上は真面目に働いているだけでは遊び心は育たないと言う。仕事で海外に行けば街に出てあれこれと見て歩く。

銀座を歩いていると、「こういう表現ができるのか」と思うようなお店がありますよ。食べ歩きも好きです。食事ってしつらえやもてなしで全く変わってきますから、食べるってことは常に勉強です。こういう器で、こういう盛り付け方をするのかって勉強をさせてくれる。これを授業料と考えたなら、三万円でも五万円でも安いものですよ。

特に器を見るのは大好きだ。名品と言われる器を見ると、
「この器にはどんなお菓子が似合うのだろう」
と考えずにはいられない。

そこで東京の港区虎ノ門にある茶室・大橋茶寮が所有する器を拝借し、それぞれにふさわしいお菓子を考えてもらった。茶道裏千家にゆかりの深い大橋茶寮は、登録有形文化財にも指定されている名門であり、その所蔵品の中から選ばれた三点にはどれもただならぬ力がある。まずは江戸時代の名工・尾形乾山の手による扇面形菓子器、次に旧三井家から出たという螺鈿*7で雨と桜の花びらを表現した漆の皿、そして高麗青磁*8の一種である雲鶴青磁鉢。職人にとっては挑戦しがいのある器が並ぶ。

扇面に松を描いた乾山のお皿には、茶菓子としてもっとも格の高い腰高の薯蕷饅頭を作って盛りました。それ以外、こういう器には思いつかないね。そもそも乾山に私なんかのお菓子を盛らせてもらっていいのかという気持ちです。とにかく器の邪魔にならないように、控えめに、ね。

薯蕷饅頭はなんの飾り気もない、素材の質と味、仕上がりの美しさで勝負するお菓子である。こんもりとした姿は満月にも似て、乾山の松の枝に美しく調和している。

五客揃った漆の皿には螺鈿で雨とわずかな桜の花びらが施されている。強い主張はないが完成度が高く、そのまま着物の柄に移しても女性を引き立ててくれそうだ。

これにはきんとんを五種類盛りました。全部桜です。季節の移ろいとともに桜も姿を変えていくので、それをきんとんの細かさとか色合いで表現したものです。「咲き初め」は枝に一輪だけ咲いた桜の風情を。そして、「五分咲き」「花紅」「爛漫」「花吹雪」と徐々に色や表現を変えていきます。

開花してから数週間、時にはわずか一週間で足早に通り過ぎていく桜を、きんとんで表現した美しい試みである。「桜前線」が沖縄に始まって徐々に北へ上がっていき、北海道の最北端まで届くのにおよそ四カ月。そんなことまで思い出す。

❖

歴史の重みを感じさせる高麗青磁の鉢は、少し緑がかった青色が特徴である。

これにはまず、「木の花（このはな）」を合わせてみました。「木の花」とは古来、梅のことをいいます。白い軽羹（かるかん）と、梅風味の上がり羊羹の組み合わせ、羊羹には少しゆかりを加えました。上がり羊羹はゆっくり蒸して柔らかく仕上げてあって、江戸から尾張徳川家に献上されていたので、この名がつきました。
もうひとつは「明烏（あけがらす）」。夜明けに空を飛ぶカラスの姿を表現したお菓子です。漉し餡をこなしで包んで、上に振った胡麻はカラスのつもり。金箔は雰囲気を見てのせましたけれど、なんだかおめでたい感じがするでしょう（笑）。

お菓子が変われば器も表情を変える。名品らしく懐の深さを持つ青磁の鉢は、水上の「木の花」と「明烏」もしっかりと受けとめて、さらにおいしさまで想像させてくれた。

＊7　螺鈿（89頁）
漆工芸や木工芸の加飾技法の一種。貝の真珠質の部分を文様に切り，平らにみがいて漆面または木地にはめこんだり，貼り付けたりしたもの。

＊8　高麗青磁（89頁）
朝鮮の高麗時代につくられた青磁の総称。年代によって作風が異なり、末期の象嵌青磁は「古雲鶴」としてもてはやされる。

第四章

日本の文化を支える覚悟

こだわりの道具と手が生むお菓子

「一幸庵」の二階にある水上の工房は決して広くはない。そこにいくつもの大型冷蔵庫が置かれ、メインスペースにはステンレスの作業台が二つ。業務用のガス台のそばには「サワリ」と呼ばれる赤茶色の銅鍋がかかり、まわりにはたくさんの鍋やボウル、何種類ものヘラ、裏漉しなどの道具類が配置されている。用途によって使い分ける裏漉しは馬毛や籐（とう）、ステンレスでできたものなどさまざま。目の細かさが違うのだ。「一幸庵」のきんとん作りには欠かせない。

きんとんは食べるのに悩むお菓子である。気をつけないとぽろぽろときんとんがこぼれてくるので、行儀よく食べたくてもなかなかむずかしい。ところが水上が箸を使って作っていくきんとんはまさに魔法のよう。あれほど細かなきんとんが中心となる餡の周辺に手早くつけられ、バットの上に並べられても形が崩れることがない。しかも、箸のあとはまったく見えない。

何が秘密なのだろうと目を凝らしていると、どうやら箸に秘密があるらしいと思えてきた。水上が箸先を見せてくれた。

ほら、先がすごく細くて長いでしょう。これできんとんの横から刺して動かせばいいわけ。箸が細いから刺したところもわからない。きんとんのつけ方にはお店によって特徴があります。

きんとんが器に盛りづらい？　それはね、よく見ると横の部分に菓子屋が箸でつけた穴があるから、そこに箸をさせばいいの。型崩れしにくいです。私が「きんとんは箸を刺して持つんだよ」と言ったら、真上から刺した子がいたけどね（笑）。お茶をやる人なら水屋できんとんを扱うこともあるだろうから、こういう箸を持っておくといいです。

きんとんはその細かさと色合いとで季節感を決めていく。たとえば早春に出す「早苗（さなえ）」は目が荒い漉し器できんとんを作る。それが徐々に細かくなっていき、「桜きんとん」になるとだいぶ細かくなる。「桃」「桜」「花紅」はどれもピンク色だが、紅の色は微妙に変えている。「桜」は「桃」に白の練切を合わせて少し薄くする。「花紅」は赤を加える。

きんとんだけでなく、花を表現する技法はさまざまである。木型で和三盆を打ち出すこともあれば、花の色をつけた羽二重餅に、餡で黄色い蕊（しべ）を加えることもある。旦那たちから教わった作り方に自分なりの工夫を足して、オリジナルな表現にしてきたのだ。

うちのきんとんは一個48グラム。1グラム違ってもわかりますよ。昔のきんとんよりも少し大きめだけど、今の人が食べるならこれぐらいがちょうどいい。その前は十匁から十二匁と言われたね。38グラムから42グラムです。私が匁の最後の世代でしょうね。旦那たちはみんな匁で、匁で教わってるから。

話しながらも彼の手が止まることはない。色白のなめらかな肌だが、指は太く、手のひらは分厚い。この手が重い道具を扱い、蒸し立ての熱い材料をこねる。少年時代は華奢な手だったというが、今では岡部伊都子から「分厚いお手」と言われたことのある職人の手だ。

次は大きな銅鍋にわらび粉を入れ、練りはじめた。腰の入った動き。腕の力だけではなく全身を使う。銅鍋に木杓子がぶつかる音がリズミカルに響く。一気に練り上げるとヘラを持ち上げて見せてくれた。茶褐色で強い粘りのあるわらび餅の出来上がりだ。このわらび餅も、「一幸庵」人気のお菓子のひとつである。漉し餡を薄いわらび餅でくるみ、きなこがかけられる。粘りがなければ薄い皮ならではの洗練された味わいは生まれない。

工房には小さな焼印もたくさん用意されている。その多くがオーダーによるものだ。あまり知られていないことだが、きちんとした職人を抱えている和菓子店はさまざまな注文を受け付けている。たとえば、還暦を祝う茶会を自ら催す茶人が自分の干支を描いた薯蕷饅頭を誂えたり、結婚式の引き出物として両家の家紋を麩焼きせんべいに入れたりする

ことも できるのだ。

工房にある焼印は多くが麩焼きせんべい用である。近くにある寺からは毎年施餓鬼（せがき）で配るせんべいの注文があり、工房で寺紋を焼き付ける。都市銀行の支店からの注文という、会社のロゴマークの焼印もあった。しゃれた支店長がいたのだろう。

変わったところでは結婚式の引き出物に家紋ではなく、新郎新婦の似顔絵を入れて欲しいという注文があったんですよ。パソコンで似顔絵を描いてくれる人がいるので、頼んでそれを型紙に起こして。新郎新婦の顔を食べちゃっていいのかと心配したけれど（笑）。和菓子ってそういう遊びがいくらでもできるんだけど、知らない方が多いです。

季節感こそ和菓子のいのち

日本文化の要諦（ようてい）を一言で表すなら、ゆたかな四季を取り入れる「季節感」ということになるだろう。文学も美術も工芸も食も、恵まれた四季のうつろいを表現することでこまやかな人々の心情をも表してきた。世界の国々にそれぞれの季節感が存在しているけれど、温帯モンスーン気候で四方を海に囲まれ、しかも南北に細長いという特性が、国土の大きさのわりに変化に富んだ季節を日本列島にもたらしている。

日本には春夏秋冬それぞれ数カ月の長さがあり、それに梅雨も加わる。「紫陽花（あじさい）」と聞けば自然と雨に濡れる花が浮かぶように、自然と花とは切っても切れない関係にあった。それが今、崩れていく。都会生活者が増え、野の花を目にする機会が減ってくればなおさらである。薄（すすき）の原っぱを見たことのない子どもたちも多かろう。大きな月に照らされて薄が揺れる「武蔵野（むさしの）」の風情は遠ざかる一方である。

それでもね、桜を作っていると、やっぱり咲き始めから桜吹雪まで作りたいじゃないですか。でもそれが終わると、同じ季節に咲く別の花が終わっていて。そういうのは残念ですね。
花の場合、私は江戸菓子として具象で作るけど、買いに来るお客さんはいろんな地方出身の方が来られます。抽象で表現すればいいのか具象で表現すればいいのか迷うことも多いですね。

京都で売ったら「もっさりしてまんなぁ」と言下に否定されるような菓子を作るのは、江戸の職人と京の職人の文化意識の違いであり、宿命的なものだと言う。職人自身がその違いをわからなくなっているとも。
もっとも、わからなくなっているのは職人だけではない。何よりも日々の暮らしを司る家庭の中で季節の行事が失われ、それとともに行事食やお菓子がなくなっている。生活スタイルが激変しているのだから当然のことではあるが、水上はそれを寂しく思わずにはいられない。

ぼた餅とかおはぎを一年中置いている菓子屋もあるけど、あれは本来家庭で作るものですよ。春と秋のお彼岸の頃、家でこしらえたのを重箱に入れて、お墓参りにも持参するようなハレの日の御馳走だったんだから。私たちが作っちゃいけないんだと思っていました。でも最近は彼岸の入りから中日までは作ってます。漉し餡、粒餡、黒胡麻、金胡麻、きなこ。ハレの日の御馳走だから五種類作っても許されるだろうと思って。

おはぎは大事なお菓子だから本当は家庭で作ってほしいけど、小豆買って作れって言っても、もうその習慣が失われているんだから。

「本当はこういう意味があるんですよ」という意味合いで菓子屋が作る。こういう習慣を残すのは大事だけど、もう徳俵に足がかかってる気がするねえ。十五夜をやるかやらないかというところまで来てるでしょ。だから菓子屋が踏ん張らないといけない。たぶんお客さんにとっても大事なことだと思います。

十五夜・十三夜・十夜を守り続けて

十五夜に手作りの月見団子を供え、とってきた薄や萩など秋の花を活ける。そういう習慣を残す家庭がどれだけあるか。たとえ忙しい毎日、買ってきたものであってもお供えをしてくれればいい。そうして綺麗な月を家族で眺めてくれれば、それも思い出になる。

水上が十五夜の習慣まですたれるかどうかを心配するのは、決して理由のないことではない。すでに十三夜はほぼすたれてしまったからである。十三夜とは旧暦の九月十三日の夜、少し欠けた月を愛でる習慣のことで、やはりお供えをする。十五夜は中国から渡来した風習だが、十三夜や十夜（十日夜＝とおかんや）は日本独自の風習である。「月に叢雲花に風」と言うとおり、日本人は完全なものよりも少し陰りのあるものを好んできた。そこに風情を見出し、愛してきたのである。

ちょっと欠けるところが十三夜の良さだよね。十三夜の月とか、十六夜とか、満月ではないけれどちょっと心を残すのが日本人の心根だと思うけど、知らない人が多くなってしまったのは残念です。

だからせめてお月見ぐらいは、ハロウィンよりも日本独自の習慣として菓子屋が頑張らないとダメですね。お彼岸だっておはぎを食べる人が減ってきてるんだもの。お菓子の形で残していく、それが菓子屋の心意気でしょう。

だけど、そもそものいわれを知らない職人も増えてきてしまいました。文化を知った上で和菓子を作っているかどうか。菓子屋といえども日本の文化を底辺で支えているという意識があるかないか。それが大前提。ごく浅い部分でわかっているかもしれないけれど、自分の中で考えているかどうか。

今や、雛祭りだって菱餅や雛あられじゃなくて、雛ケーキが好まれるようになってきているんですよ。そのことにどこまで菓子屋が危機感を持って、自分なりに立ち向かっているかということが大事です。

小さな内裏雛がのったホールケーキが喜ばれる時代。桃に菜の花を活け、菱餅に雛あられが雛飾りに供えられた光景は遠くなったのだろうか。狭いスペースの中で段飾りを置ける座敷を持つ家庭はどんどん減っている。せめて内裏雛の前にきちんとお供えをしたいと思う家はそれほど多くないのかもしれない。

それでもなんとか踏ん張ろうと、水上は十五夜と十三夜に加え、十夜にも月見団子とおこわを店頭に出す。旧暦十月十日の月はより細く、空は澄んでいる。十三夜は「後の月」ともいわれ、この日の月見を怠ることは「片見月」、つまり情のないことと されていた。

だが現代ではすっかりその習慣もすたれつつある。さらに十夜ともなればなおさらである。十夜はその年の収穫の終わりの時期にあたるため、さまざまな行事が伝わっているが、それを月見と結びつける習慣は失われてしまった。行事自体を新暦十一月十日にやってしまうなど、月の形とは無関係になっている土地も多い。

水上は和菓子作りのための勉強を欠かさない。十夜のことは民俗学の本で見つけた。

「三月見」といわれて、十五夜・十三夜・十夜とお月見があるって。十五夜は芋名月、十三夜は栗名月、十夜は稲の名月だと。

だからうちでは三回ともお団子とおこわを作って売っています。月見団子は全部同じだけど、おこわは十五夜がむかご（山芋の肉芽）のおこわ、十三夜が栗おこわ、十夜が黒豆のおこわ。今はむかごなんて食べる人がいないよね。でも季節のものだから。

むかごは皮ごと蒸して食べると香りが立っておいしいものだ。そのむかごともち米の組み合わせは、別名「芋名月」といわれる十五夜らしいおこわである。栗や豆との組み合わせも深まる秋を感じさせる。この日は店内にも薄や季節の果物、月見団子を飾る。閉店後はそれをビルの上階にある自宅に持って上がり、お供えするという。

一幸庵の常連客はこういう水上の気持ちをよくわかっていて、その時期が近づくと予約の電話が次々に入る。工房の壁には風物詩のように、月見団子の注文書がたくさん貼られるのだ。

月見団子の合間を縫うように毎年作られるのが「亥の子餅」である。新暦十一月に入ると茶道では風炉から炉の季節に変わる。畳の下に隠されていた炉を開く「開炉」は茶人の正月とも呼ばれ、初夏に収穫して発酵させていた新茶の壺の口を切る「口切りの茶事」は、お茶の世界では最も格が高い茶会とされる。そうでなくとも「亥の子餅」は、季節感を尊ぶ茶道には欠かせないとされ、有名な和菓子店では必ず売り出す季節のお菓子だ。

一幸庵でこの菓子をもとめると、次のように書かれた栞を袋に入れてくれる。

「亥の子餅」
玄猪ともいい平安の昔から禁裡（注：宮中）では大切な行事の一つです　旧暦十月亥の日に餅を搗き無病息災子孫繁栄を祈りました　初の亥の日は菊花・中の亥の日は楓・三の亥の日は公孫樹（注：銀杏）に〝しのぶ〟を添へて下賜されました　民間では収穫祭とむ

すびつき亥の子神まつりとなりました
また旧暦十月の亥の日には不思議に火を使用しても安全という
俗信から武家では初の亥の日　町家では中の亥の日に炬燵（こたつ）開きを
して亥の子餅でお祝をしました
茶人の間では新茶の口切と重って　旧暦十月の亥の日に炉開き
を行ないます　その時の菓子として亥の子餅が用いられます　こ
の日は茶人にとって正月のようにとても大切な日です
この冬　温風ヒーターやホットカーペットを出したり、エアコン
を暖房に切り換へる日を亥の日に合わせて、亥の子餅でお祝し立春
までの息災も祈念して、生活の句読点とされてはいかがでしょうか

（本文ママ）

一般家庭から遠ざかってしまった玄猪の行事を少しでも伝えたいという意気込みが伝わってくるような文章である。

一幸庵の「亥の子餅」は小豆の煮汁に白玉粉・薯蕷粉・餅粉を混ぜて砂糖を加える。黒胡麻が入るのは猪（いのしし）の模様である。それに火を入れて練り上げ、粒餡をくるんで俵型に整え

れば、猪を模した「亥の子餅」の出来上がりである。毎年楽しみにしてくれる常連客も多い。

だけどお茶人の中にも知らない人がいるんだよ。あるお茶会でお菓子を任せられたのでわざわざ五色の亥の子餅を作って届けたら、「大福を持ってくるなんて！」と言われたことがあった。その中に一人だけ「亥の子餅」のことを知っている先生がいて、あとで「申し訳ない」って謝りに来られたけどね。

結局、きちんと勉強している師匠につかないと、なんにも知らないままでお茶をやっている人が出てきてしまうんです。どんなことでもそうだけれど、誰につくかというのが本当に大事だよね。そういう意味では、私にお菓子作りを教えてくれた旦那たちには本当に感謝していますよ。

以前、一幸庵に弟子入りをして働いていた若者は、二年間別の店で働いてから移ってきた。彼は「これまでの二年間はなんだったんだろう。この時間を返してほしい」と言ったという。

水上は学生時代から茶道を習った。その頃は和菓子の職人になるつもりはなく、ただ好きだったからだ。茶道の世界では季節ごとの行事はもちろん、その土台となるさまざまな文化や文学の世界が道具組みや料理、菓子などで繊細に表現されていく。

彼は「菓子屋といえども日本の文化を底辺で支えている意識があるかないか」と謙遜を込めて話したが、お菓子は茶道では一服の茶をおいしく飲むために重要な役割を果たす。そこには味はもちろん、目からも季節を感じさせる工夫が欠かせない。その基本をどこまで職人がわかっているだろうか。

海外に向けて日本の魅力を語るとき、自然の美しさや伝統をあげる人は多い。しかし実際に、自分の言葉で日本の魅力を語れるほど勉強しているかどうか。水上は和菓子を通して世相の変化を感じ、ひしひしと危機感を覚えている。

第五章

和菓子を世界へ

和菓子を遡れば農業にたどり着く

水上と話をしていると、どこかで必ず農業の話になる。小豆、芋、米など、主な材料はどれも水と土から採れる作物である。天候にも大いに左右される。最高の和菓子を作ろうとすれば、時には畑まで出かけていく。

お菓子作りは突き詰めれば農業になっていくんです。農家さんが作ってくれて、私たちを通じて消費者に届く。その意味では消費者の人たちにももっと農業への意識を持ってもらいたいですね。今食べているお菓子が農作物なんだというように。

お店に試験管が置いてあったでしょ。お菓子を作るために必要な材料の配合を知ってもらいたいと思って入れてあるんです。ほかにも使われるお米の種類がわかるようにとか。いずれうちで売っているお菓子については全部そういうふうにやりたいと思って試験管は買ってあります。

一幸庵が買うお菓子の材料を作っている農家さんや農協はどこも一所懸命です。芋とか大納言とか。大納言は能登から買ってます。私はそれほど量的に使うわけじゃないけど、いいですよここのものは。ただ問題は年配の人が多いこと。跡取りがいないといずれお菓子作りも困ることになるでしょ。米農家は別としても、特殊なものを作っているとどこでも農家は苦しいでしょうね。

新の小豆が出たら、それを炊いて産地の農協に送るんです。それでその年の出来栄えがわかるから。芋は農協を通じて買うんですが、青森県のものが多いですね。ある山芋農家なんか「これは一幸庵に送ってくれ」と言ってくれるらしいです。山芋の中でも粘り気の強い芋ですね。

年によっても大きな差が出ます。天候が不順だとなおさらです。うちでは芋は全部十一月に買って冷蔵庫に入れます。大納言もわらび粉も全部冷蔵庫。昔のわらび粉は常温で保管しておいても十年だって大丈夫だったけれど、今は三年も経つと力がなくなってしまう。前はこんなこと、なかったんだけどね。

決して広くはない工房の中で、大型冷蔵庫が何台も稼働している理由がこれでわかった。水上は産地のＪＡ（農協）や農家とのつながりを大切にしている。農家は自分の作った作

物がどのように使われるのか、なかなか知る機会がない。一流の職人から支持され、消費者が喜んで食べていることがわかれば、それがやりがいにつながる。もちろん適正な値段で買われることが大切である。

最近は材料も輸入物が増えてきた。もちろん、外国でなければ採れない原料は水上も使っている。だが、基本的には生産者の顔が見えるものを買う。ここで注意しなければならないのは「国産」と「国内産」の違いである。外国産の作物を買ってきても、最終加工が日本なら「国産」となる。「国内産」なら材料も日本で作られたものだ。「一幸庵」では米や小麦粉、芋や小豆はもちろん、桜餅に使う桜の葉も伊豆松崎のオオシマザクラを買っている。そのこだわりを消費者も支持しているからできることである。

良いもの、珍しいものが手に入るとそれで工夫してみる。無農薬の柚子を薄切りにして、

グラニュー糖をまぶしたまま時間を置いたものは、糖が柚子と溶け合って蜜のような粘り気を出していた。一本いくらという値段で集めた土筆（つくし）も蜜に漬けてある。食べてみるとそのままおやつになる味わいだ。それらを使ってどんなお菓子を作るのか考えるのは、水上の楽しみである。

だが、消費者がどこまでそれをわかってくれるかどうか、心許ない思いもある。今の時代、どれだけの人が土筆を知っているだろう？　春の到来を告げる土筆。それを集めて、灰汁で指先を黒くしながら「はかま」を取り、佃煮にする家はもはや希少である。

自然とともにあるべき和菓子

水上にはかねがね疑問に思っていることがある。自然から遠く離れてしまった消費者が、どこまでも便利なものを要求することだ。

たとえば「大福」という朝生菓子があります。お餅と小豆でこしらえていたら、朝作ったものが夕方硬くなって当たり前なんです。でも物流とかコンビニのような販売の現場から見たら、夕方硬くなるものでは商品価値が薄れるので、三日か四日は柔らかくないと困るわけです。

でもそれが当たり前になった今日、一番困るのは我々菓子屋であり、原料生産者ですよ。菓子屋が大福って夕方には硬くなるものなんだということを、ちゃんと発信していかなければいけない。消費者がわからなくなっているのなら、こちらが努力すべきなんです。

硬くなって困ったら、どうやって食べればいいのか。オーブントースターでちょっと焼けば柔らかくなるし、さらには「香ばしくなっておいしく食べられますよ」と一言付け加えればいい。それがめんどうくさいというなら、うちではもう買ってもらわなくてもいいんです。そうじゃないと、本当の手作りの味なんてなくなっていくでしょう?

たとえば軟化剤を入れた大福は、数日間は柔らかい。だが餅本来の味とは別物になる。「三日も柔らかいなんてどうしたの?」と思わないといけないのです。

少し前まであんこの入った餅は家庭でも作られていた。餅をつき、自家製の餡を入れてまとめる。それぞれ家庭の味があり、硬くなれば火鉢であぶる。それを懐かしい思い出として持つ人も少なくなっているだろう。

思い出があればまだいい。餅を柔らかいまま翌日まで保存するなら、水を張った入れ物に浸けておいて水餅にする知恵もある。だが、添加物のたくさん入った大福しか知らなければ、上質の餅米や小豆の味を理解できず、つけられた値段を高いと感じるかもしれない。

うちの店でも値段を見て「高いね!」と言って帰ってしまう人がいます。そういう人は和菓子を安いものだと思っている。ケーキなら一個五百円でも出すのに、和菓子にその値段は出さないんです。だけど自分が納得できる材料を使おうとしたら、和菓子だって高くなりますよ。それに、このことを消費者が理解してくれなければ、菓子屋も原材料の生産者も意欲を持って働いてくれなくなるでしょう。

いい材料を使えばコストは上がる。ちゃんとした作物にはそれなりのお金を払って、農家の人がごはんを食べられて、われわれも食べられるようになるのが当たり前のことです。

「周回遅れ」の和菓子の世界

もちろん、丁寧に作られた和菓子は今もおいしい。疲れた時に干菓子を口に含めば、上等の和三盆だけが持つ甘みにホッとさせられる。同じ大福でも、歯ごたえのある餅と小豆が口の中で混ざった時、その香り高さに驚く。餡がおいしいのだ。上等の栗羊羹の風味は秋そのものだ。水上は栗羊羹への思い入れが強い。箱にかけられた包装紙には、次のような語りかけ、もしくはアジテーション（?・）が書かれている。

「別撰　栗羊羹」

春は山笑う・夏は山滴る・冬は山眠る　そして秋は山装う　そして菓子屋は心躍る秋です　貴殿は　山の幸を求めて栗拾い　きのこ狩り　それとも里で山土産の便りを待ちますか　栗は縄文の昔より今日に至るまで洋の東西を問わず果子（木の実・草の実）の

王様です　縄文の栗は驚くことに採培種だそうです　今我々が食べている栗とDNAが極めて近いのだそうです
一幸庵にも　山装う秋の土産が届きました　これをじっくりと蜜煮にして栗羊羹にしました　今年の栗の出来具合を知るには栗羊羹が一番　秋の菓子屋の特別な一品です　逸品かもしれません
そんな特別の栗羊羹です　豊潤な味・香りで山装う秋をお楽しみください

（本文ママ）

「山笑う」「山滴る」「山装う」「山眠る」はそれぞれ春夏秋冬の季語である。山が赤や黄色に装う季節に栗がとれ、新しい小豆も収穫を迎える。季節の出会いものとでもいおうか。

栗は「栗鹿の子」や「栗粉餅」などさまざまなお菓子に姿を変える。それらが、丁寧に淹れられた煎茶や練られた抹茶を引き立てる。その味は、有名パティシエが激しく競い合う洋菓子のモンブランにも劣ることはない。

水上が栗を遊び心で仕立てた「オータムブラウン」という生菓子がある。洋酒を入れた錦玉羹に、砕けたマロングラッセを加えたおとなのお菓子だ。砕けたマロングラッセが缶詰になっているのを見て思いついたという。
二〇一六年は「ジョニーウォーカー」の黒ラベルで作ったが、「シングルモルトじゃないと」という常連客の声に応えて、翌年はスコッチのシングルモルト「グレン・ニベット」で作ってみた。シャンパンに合わせたくなるような香りと風味のゆたかさに驚かされる。甘いものが苦手な人も、この味わいには顔をほころばせるのではないだろうか。

私が子どもの頃、和菓子はふだんのおやつに食べていたけど、誕生日やクリスマスには洋菓子を食べていました。洋菓子は地位の高いお菓子だったんです。和菓子は日常であり、洋菓子は非日常でした。だけど、今トップパティシエと呼ばれる人たちは、その地位に安閑としていられませんよ。あとからどんどん若いパティシエが育っていて、常に人材が供給されているからうかうかしていられない。日本を代表するトップパティシエの一人が、「自分たちはパリに追いつけ、追い越せで頑張ってきたけれど、ある時後ろを振り返ったら、そこにパリがいた」と話してくれました。それほど日本のパティシエたちの技術はすごいんです。そうなると常にトップを走り続けていなければいけない。これはとても大変なことです。

それに比べると和菓子の世界は周回遅れですよ。一人の力ではどうにもならないかもしれない。百年後には博物館のケースの中で和菓子を見ているなんてことになるかもしれませんせん(笑)。「小豆を煮てつぶし、ジャムのようにして食べていました」なんてね。そうならないためには原点に戻らないと。

「あんこはおいしい」

そこが原点なんです。

毎朝孫が「おじいちゃん、あんこちょうだい」と工房にやってくるのは、幼児の無垢な味覚がおいしさを認めているからだろう。

有名パティシエが提供する洋菓子に味と値段で比肩するだけの和菓子を作る店は、東京ではどれほどあるだろうか。ある有名パティシエは実家が和菓子店だったが、初めて友だちの家でショートケーキを食べた時、あまりのおいしさにお皿まで舐めてしまったという。「お宅ではこんなおいしいお菓子は売ってないでしょう」という言葉にちくりと傷つけられながらも、ケーキのおいしさには逆らえなかった。その経験から、和菓子職人ではなく洋菓子職人の道を選ぶ。

洋菓子専門誌の取材でトップパティシエたちと対談をした時に、花びら餅を食

べてもらったんです。そうしたら、彼が「最初にこんな和菓子を食べていたら、和菓子屋になっていたかもしれない」って言ってくれました。その言葉がとても嬉しかったです。

今は技術に走る若い職人も多いです。技術講習会を開いて、それでメシを食ってる技術者もいますしね。だけど技術の前に「こんなうまいものが作れるよ」という若い子が出てきたら嬉しい。技術は数をこなせば上手くなっていく。それでもわざわざうちに若い子が来てくれる。そういう子が育ってくれれば、和菓子職人だって将来暗い仕事じゃないと思います。海外からも来ますよ。フランス人で三十代後半の職人はうちのお菓子が気に入ってくれてる。ちゃんとした食文化で育ってきているので分析力があって、「なぜこのお菓子がおいしいのか」とちゃんとわかってくれる。こればかりは親がきちんと教えないと身につかないことですね。

贅沢なものである必要はない。自然な本物の味を舌が記憶していれば、和菓子であれ洋菓子であれ、よしあしは身体が判断してくれる。

一流パティシエが学びに来る

「一幸庵」には日本人のパティシエはもちろん、フランス人ら多くの外国人パティシエがやってくる。なぜここの和菓子がおいしいのか、どういう表現ができるのかを学び、自分のお菓子作りに取り入れようとしているのだ。花形パティシエが次々に誕生するなど一見華やかな洋菓子の世界も、常に厳しい競争にさらされている。一歩抜け出すために、違う世界からも学ぼうとする貪欲さがある。

彼らからしたら、バレンタイン・シーズンのショコラで年間売り上げのどれだけ稼いでいるんだろうと、つい計算してしまいます（笑）。とにかく日本での売り上げがすごい。友達のパリのショコラティエなんて、販売開始初日でほとんど売り切れるというんですよ。ショーケースの前に立ってサインし、一緒に写真を撮ればお客は大喜び。彼らにしたら、日本はめちゃめちゃ楽しい商売のできる国ですよ。そんな彼らがうちに勉強にくる。いつでも新しいことを勉強して取り入れようとしているからです。そこまで頑張っている和菓子屋がどれだけいるか。

青木定治さん（「サダハル・アオキ」オーナー・パティシエ）や稲村省三さん（「イナムラショウゾウ」オーナー・パティシエ）と話すときはお互いとても真剣ですよ。なんか一緒にできることはないか、彼らから提案してくる。彼らは先端にいるからね。青木さんだって真剣に小豆や抹茶に取り組んでいますよ。

それほどの貪欲さが和菓子屋の跡取りにあるかどうか。うちのところは娘だし、自分でカフェをやっています。私一代で「一幸庵」は終わっていい。誰かに株を買ってもらえればいいけれど、私も年だから味を一〇〇％伝えられるかどうかわからない。日本人の男の子は後継ということで大事にされ、満腹で育ってきている。どれだけ伸びていけるかね。今の時代にはむずかしいのかもしれない。継いだ時点で役割は終わって、親も満足してしまうから。もっともっと和菓子に対してハングリーになってもらいたいと思います。

日本のある有名パティシエが、「本当にうちの店で頑張るのは女性と外国人で、男性はいずれ家に帰って後を継ぐという意識から抜けきれない」と嘆いていたことがある。その話をすると水上は頷いた。

海外から来る人は貪欲ですよ。文化も何も違うからそこから勉強しないといけない。意欲がないとできません。女の子の場合は繊細で男の子よりも気がつくけど、体力的にはハンディがありますよね。今は粉の袋も30キロから20キロに変化しています。昔は60キロの俵をかついだものだけどね。だけど女性は結婚や出産で離れることもあるでしょう。だからどうしても男性が中心になってしまう世界です。結局、男がそれで飯を食えなければ衰退していくのが現実の和菓子の世界なんです。

今後和菓子の世界でやっていくなら、これまでやってきたことをそのままでやるなんてありえない。原材料だって土も違えば米も違う。父親の「食」の環境と、自分の「食」の環境は違う。内包されているものが違うのは当たり前のことで、自分なりの理解を深めていくことが和菓子屋にも要求されているんだと思う。だからといって、簡単に妥協してもいけない。それが今後の和菓子屋に必ず突きつけられる課題だし、和菓子屋が生き残っていけるポイントでしょう。

たとえばあんこと生クリームをどのように和菓子の中で融合させるのか、あるいは喧嘩させるのか。チョコレートやマカロンをどのように和菓子屋として消化していくのか。あんことアイスクリームの組み合わせは、アイス小豆最中という和洋折衷の極みのような形で、とうに日本人の生活に馴染んできた。

だからといって、なんでも和洋折衷にすれば成功というわけではない。そこにハッとするような新鮮な驚きがなければ、これだけ世界中からおいしいお菓子が集まる日本で、注目されるのは難しいだろう。意欲ある若いパティシエがヨーロッパへ武者修行に出るのと同じような意気込みで、日本で仕事に取り組めるかどうか。

以前、あるお茶人から「数寄者が集まって茶会をするから、和菓子じゃない和菓子を作ってくれ」という注文がありました。もはや茶人の世界にもそのような人がいるんですから、和菓子屋もそれぐらいの意識を持てば、和菓子も脱皮を繰り返しながら発展していけると思いますよ。

お茶は古い世界で型に凝り固まっているようなところがあります。利休はそれを打破したいがために侘び茶を打ち出したけど、それに美意識が集まりすぎて、後世の人たちが今度はそれに凝り固まってしまった。菓子皿がなかったらどんぶりでもいい、カレー皿でもいい。それを突き詰めていけば利休につながると思うんですけれどね。

もしもさっきのお茶人のように、私の遊びを理解してくれる人からおもしろい注文があったら喜んで作りますよ。だけど「お菓子を作ってくれれば菓子器はこっちで合わせます」と言われるとつまらなくて、たとえ百個でも作りたくなくなる。一緒におもしろくしていくのがいい。食文化の世界は作り手と食べ手が共同作業で醸成していくものだと思います。

バレンタインデーのお菓子で彼氏に気持ちを伝えたいという女性が来たら、一個だけでも作ります。以前に女子高校生が、古典の先生に『萬葉集』を題材にしたバレンタインのお菓子を贈りたいと言って、買っていってくれました。それはもう遊びですから。彼女の必死さだって遊び。それを受け止める側も遊び。和歌を送り、またそれに和歌が返ってきたようなものですよ。現代に『萬葉集』が生きているのだと実感した瞬間でしたが、それが連綿と受け継がれてきた日本文化の伝統だと思います。

商売はそうやって発展し、洗練されていくんだから。そういうものがあって少しずつ完成に近づいていくし、職人の個性も感性も現れる。それに裏打ちされた経験、さらにそこから生み出されたファンタスティックなものが和菓子だと思います。

I DROP ANCHOR

世界中でワークショップを開催

水上はもとめに応じて世界中に出かけ、和菓子のワークショップを開いている。そこでは一般の人向けに話をし、実演で和菓子作りを見てもらう。欧米の場合、そもそも豆類に甘い味をつけるという習慣がないことが多い。小豆をベースにあんこを作り、さまざまなお菓子に展開していく和菓子のありようがとても珍しがられる。

特に外国人が印象深いと思うのは、和菓子の型がひとつひとつ手で作られているということですね。それが繊細な表現につながっている。パティシエはさすがに自分でも作る人たちですから反応が違います。小豆など日本の材料にも偏見がなく、なんでも取り入れようとしますね。今、フランスでは抹茶がブームになっています。

和菓子って、「七十二候」のお菓子を見てもらえばわかるように、なんでも表現できるんですよ。今はそのことを和菓子職人でさえ知らないんだけれど。でもそれを日本人に見せていかなければいけないと思ってるんです。

「和菓子か、またあんこだな」で終わってしまったら、私も忍びないところがありますよ。以前、富山大学から講演を依頼された時の手紙に「百五十年経って、ようやく欧米の文化が日本の文化に追いついてきた」と書かれていました。雷に打たれたような衝撃を受けましたね。日本の文化、特に和菓子の文化も、欧米へのコンプレックスや憧れから一日も早く脱却して、日本の菓子文化を確固たる地位に築き上げる時がきたんじゃないでしょうか。


水上がお菓子を届けるのは一般の消費者だが、話のはしばしに現れるのは和菓子作りに携わる人にこそ、もっと日本の伝統を知り、和菓子の可能性を広げていってほしいという思いだ。若いパティシエたちは競って海外に旅立ち、あるいは世界的なコンクールに挑戦し、洋菓子の世界に挑戦しようとしている。洋菓子の本場で通をうならせる日本人のスター・パティシエも誕生した。

それがなぜ和菓子の世界であってはいけないのだろうか?

「これから和菓子職人のスターが生まれる可能性はありますか?」

そんな問いに対して、ちょっと考えた後、水上はこう答えた。

カリスマ的な職人が生まれるかどうかという話なら、ちょっとむずかしいかもしれないね。新しいデザインの和菓子を作ることで話題になった職人もいるけれど、結局お菓子は「味」だから。

マスコミでもてはやされるようなスターは生まれづらいかもしれない。ただ、地道な仕事をすることで和菓子のおいしさを再発見してもらい、もう一度和菓子に目を向けさせることはできるのではないだろうか。

水上は和菓子職人の仕事は将来決して暗くはないという。地道によい材料を探し、きちんとおいしいものを作ること。よく伝統に学びつつ、革新を恐れないこと。それを評価する消費者は確かにいるし、今では彼の仕事の情報はインターネットを通じて海外にも伝わっている。

水上自身、自分の後を追い、乗り越えていくような若者の出現を待っているように思うのである。

菓子職人であるということ

世界から見た和菓子

対談

サダハル・アオキ×水上 力

フランス・パリの六区にある「パティスリー・サダハル・アオキ・パリ」を開いてもう十七年、今では舌の肥えたパリっ子にすっかりおなじみとなったパティシエ・青木定治氏。二〇一七年にはフランス・パリにて開催された「サロン・デュ・ショコラ」内のチョコレート品評会で最高位の「LES INCONTOURNABLES（避けては通れないショコラティエ）」を四年連続で受賞するなど、ショコラティエとしても高い評価を受けている。日本にも店舗展開し、世界のスウィーツ・ファンに「サダハル・アオキ」の名はよく知られている。

その青木氏が「おやじさん」と呼んで慕うのが水上である。

青木氏は工房を訪ねると水上の仕事ぶりをつぶさに見ながら、いろいろな質問をする。材料のこと、技術のこと。この日はちょうど「一幸庵」の代名詞とも言える「わらび餅」の仕込み中だった。わらび粉を全身で練るリズミカルな音が工房に響く。全身の力を無駄なくヘラに込めていく水上の息遣いが少しずつ荒くなっていく。

水上が仕上げた「わらび餅」は硬さを増し、ヘラで持ち上げるとぷるぷると震えた。「これがわらび粉が本来持っている力だよ」と。青木氏はそんな動きから目を離そうとしなかった。

サロン・デュ・ショコラ
一九九五年に始まった世界最大のチョコーレートの祭典。菓子店やメーカーがブースを出して自社商品のアピールを行うほか、授賞式や講演会、チョコレートをモチーフにしたファッションショーなども開催される。

「あんならここしかない」と言われて

青木　僕が最初におやじさんに会ったのは、洋菓子協会の偉い方からの紹介です。パリのお店で小豆など和の材料を使ったお菓子を作りたいと思っていた時、どうせやるならパリでニセモノは出したくないから、ちゃんとした方に簡単なお話をうかがえればいいというぐらいの気持ちでした。

「誰か東京でしっかりと小豆を自分で炊いていて、そのあんこでみんなを黙らせている人はいないんですか?」と訊（き）いたら、「一幸庵しかないだろう」と言われてお邪魔したんです。

初対面の時からショックを受けました。僕は米の粉なんてさわったこともなかったけれど、全部見せてくださって、お忙しいのに火の入れ方なども全部やってくださった。

おやじさんからしたら僕なんてどこの馬の骨かわからないはずなのにね。

水上　うちにはたくさんプロの人が訪ねてくるけれど、青木さんは最初から「この人は違うな」と思ったよ。私の作業を見なが

青木定治

「パティスリー・サダハル・アオキ・パリ」オーナー・パティシエ

1968年、東京都生まれ。町田調理師専門学校を卒業後、東京都青山「シャンドン」勤務。1989年に渡仏し、パリ「ジャン・ミエ」、スイス「レストラン・ジラルデ」、そしてパリ「クーデル」等での研修・勤務を経て、1998年にパリの7区に初のアトリエを開設。基本に忠実でありながらも独自性のあるフランス菓子がパリジャンに支持され、現在はパリ市内に5店舗、日本に5店舗を展開。パティシエ、ショコラティエとして受賞歴多数。

pâtisserie
Sadaharu
paris

ら、それをどういう風に理解して、自分の仕事に反映させていこうかと常に考えている。
私は来てくれた人には全部オープンにして、自分の持っているものを伝えていきたいと思っているんだけれど、感心するだけで帰っていく人が大半だから。

青木　僕は二十代でフランスに行った時、日本に帰ってくるつもりはなかったんです。でもおやじさんと知り合ってから、よくこちらにお邪魔するようになりましたね。大通りに車を止めて家族をそこで待たせておいて、おやじさんにいろいろ教わっているうちに何時間も経ってしまうわけです。当時は今みたいに携帯電話もなかったから待たせっぱなしで、「どうしてこんなに待たせるの」って怒られたけど、「おやじさんが終わりというまでは終わりじゃないんだ!」って(笑)。
そのあと一緒に食事に行ったりして、楽しかったなあ。

水上　私も青木さんと知り合ってたくさんのことを勉強しましたよ。何よりも、青木さんを知って、青木さんを通じて世界を見るようになると、和菓子の文化や表現力、技術がすごいということがよくわかるようになった。これを博物館に引っ込めちゃいけないと。

青木さんと知り合わなかったらこんなことを思うようにはならなかったでしょうね。一介の偏屈な和菓子屋のおやじで終わっていたと思う。

青木　僕がお菓子に抹茶を使いたいと言った時、おやじさんは「それはどうかなあ。いいとは思えないけど、青木さんならちょっとやってもいいかもね」と言われましたよね。それで僕はパリで強気に使っていって大成功しました。

強気になれたのはおやじさんに和菓子文化のことをいろいろ教わっていたからです。もともとお菓子って、その土地の文化が最高に栄えた時に発展するものですよね。トルコでもフランスでも、京都でもそう。いろいろないわれがあって、みんなそれを知るのもお菓子を食べる楽しみの一つなんです。

抹茶のお菓子を出す時も、「日本では抹茶はセレモニーでの交流のために飲まれてきたもので、抹茶が主でお菓子はあくまでも脇役なんだ」という話をすると食べる方に喜ばれるん

です。お菓子は家族へのお土産とか、訪問先への手土産に持参することが多いですよね。そのとき自慢できる話をひとつふたつ足すのが気の利いた菓子屋なんです。おやじさんのお菓子にはそういう話がいっぱい詰まってる。

水上　和菓子で抹茶を使わないのは、茶会では抹茶が主だからですね。外国人に抹茶が人気だけれど、フランス人は特にそういう話をわかってくれる人が多い気がするな。

価値のわかる人に買ってほしい

青木　おやじさんの作るわらび餅は本当にうまいけど、材料費はかかりますよね。

水上　そうだね。そもそもわらび粉を作ってくれる農家が少なくなっちゃった。今うちでは鹿児島と岐阜の高山、岩手の西和賀（にしわが）でとれるわらび粉を混ぜて使ってるんだけど、天候によっては全然コシのないわらび粉になったりするからとてもむずかしい。農家も大変ですよ。（わらび粉の袋を見せながら）色がずいぶ

ん違うでしょ。たとえば鹿児島のわらび粉は白い。これはその土地の「土」の色なの。火山灰の土で育ってるからね。

青木　ずいぶん違うものですねえ。

水上　今、あちこちで「わらび餅」が売られているけど、全部本わらび粉で作ってるところはほんのわずかだと思うよ。ほかには甘藷（かんしょ）でんぷんとかタピオカでんぷんを入れるんです。本わらび粉だとキロ二万円とか三万円しますけど、別のでんぷんなら四百円ぐらいじゃないかな。日本って、そういう安い粉で作ったものも「わらび餅」って言うんだよ。たぶんフランスならそういうごまかしは認めないだろうね。
似たような話はいっぱいあるんです。日本人は長い目で見て産業を育てない。作る方も、すぐにまがい物に走ってしまう。餅粉だって「桜餅の素」なんていうのがたくさんあるし、それを平気で和菓子屋が使うんだよ。それが菓子屋の悪いところでね。伝統さえ守ればいいという考え方なんだ。
青木さんは日本の材料をパリに持って行くとき、本物を使いたいと思っていたでしょう？

青木　そうですね。ところで、わらび粉ってどこが発祥の地なんですか？

水上　わらび粉自体は縄文時代からあるの。うちがとっている飛騨高山のわらび粉は栽培が途絶えてから二十年以上経っていたんだけど、おととし復活させたんです。四十キロ採れたのをうちが半分買った。残りはサンプルにして配らないといけなかったから。今年は六十キロ採れたので四十キロもらったんです。質の良いわらび粉で作った「わらび餅」は口に入れるとふわっと溶ける。

青木　わらび粉とか葛粉とか、いろいろな可能性がありそうですね。実は今、豚ゼラチンのアレルギーが増えていて、フランスでも問題になっているんです。ハラール（イスラム法において合法なこと）を大切にするお客さんもいますので豚ゼラチンは使えません。だから今、フランスではほとんどが魚のゼラチンを使っているんですよね。でも葛粉だったら何の問題もない。

水上　洋菓子用の葛も出ているよ。これまである材料でいろいろ新しい作り方を工夫するのは楽しいよね。

pâtisserie
Sadaharu
paris

私は今、酒粕と米粉を使った「シュトーレン」を作ろうかと思っていろいろ試しているの。

青木　とにかくおやじさんは好奇心が強いですよね。

水上　私が十年か二十年若かったら、きっとパリで和菓子屋をやっていたんじゃないかな。冒険というか、そっちの方がおもしろそうだもの。青木さんと知り合って「和菓子の世界はすごいんだ」と思えるようになった。それなら日本でやるよりもパリでやった方がおもしろい。それでメシが食えるかどうかはわからないけども。

青木　おやじさん、退屈してるんじゃないですか（笑）。

水上　だって、日本の人が和菓子のことや材料を作ってくれる農家のことを大事に考えていないもの。飛騨高山のわらび粉が一度絶えてしまったのだって、和菓子屋の責任ですよ。「高いから使えない」なんてね。辛抱して使って技術を残していかないと、いつか和菓子は衰退していくでしょう。

「わらび餅」「練切」「薯蕷饅頭」ってのはこういうものですよって、ちゃんと発信していかなければ、和菓子をわかる日

シュトーレン
クリスマスの時期、ドイツで作られる焼き菓子。木の実や乾燥果実、酒が使われ、日持ちがする。

本人はいなくなってしまうでしょ。私は今の和菓子は日本人にとって洋菓子だし、洋菓子は和菓子なんだと思うようになったの。このままいったらどんどん衰退しますよ。「え、こんな質のものを売って平気なの?」というようなあんこ屋はいくらもあるから。

ちゃんとしたものをわかって、理解してくれる外国人はたくさんいますよ。うちに来るお客様でシンガポール在住のアメリカ人と台湾人の夫婦がいるんだけど、和食が大好きで、年に二度三度と和食を食べに来日するんです。そのときには必ずうちにやってくる。理解力は日本人よりありますよ。今は和菓子を売ることとイコールお客様を教育することになってしまうんです。

青木　お菓子は文化ですからね。それも衰退していく可能性のある文化。徐々に跡継ぎがいなくなったら材料を作る人もいなくなる。

おやじさんの商売だとおやじさんのスタイルをわかってくれる人じゃないとお客になれませんよね。江戸っ子そのままの

気性だから気が合えばとことんやってくれるけど、そうじゃないと気難しい（笑）。トップクラスの寿司職人と同じです。

水上　妥協したくないものね。買ってもらわなくてもいいよって言いたくなる。うちに来る外国人は、和菓子のことをよくわかってくれる人がほとんどなんだけど、たまにそうじゃない人が来て、一度に十個食べたりするんだ。それじゃあ和菓子の良さなんてわからないよね（笑）。それは困る。そういうタイプの人よりも、一個ずつでも毎日買いに来てくれる人に食べてほしいと思う。結局のところ、私は「商売」メインじゃないんだよ。

父のような職人になりたい

青木　そもそもなんでおやじさんは和菓子職人になったんですか？

水上　それしか思いつかなかった（笑）。うちはサラリーマンの家と違って、毎朝出かけるお父さんに「行ってらっしゃい」という家じゃなかったわけ。好きでなったわけじゃない。

青木　ほかを見なかったんですね。

水上　そう。だから本当に和菓子を好きになったのは、丁稚奉公に行ってからです。京都や名古屋で修業してそれぞれの文化の違い、おいしさの違いがわかるようになるとだんだんおもしろくなっていった。仕事なんて自分から好きにならないと、一生つまんないままで終わっちゃう。

青木　なんでもいいんですよね。たまたま出会った仕事でもいいから、これに命をかけてみなって言いたいです。命をかけてやったら、失敗しても後悔はしないと思う。中途半端にやったら後悔することばかりでしょう。うちに来る子たちも最低二年は勤めてくれるけど、意外にセンスのいいやつのほうが「ケーキってこんなものか」と思って、料理とかウエディングビジネスに転身していってしまうんです。

水上　それはあるね。不器用な子のほうがちゃんとやる。よそ見もできないし一所懸命だから。器用な子は目移りしちゃうんだ。私もほかにやることが思いつかなかった。それが京都のお菓子を食べて衝撃を受け、次に名古屋のお菓子を食べて衝撃

を受けた。自分からお菓子を好きになっていって、男子一生の仕事としてこんなにおもしろいものはないと思えるようになったもの。

青木　逃げ場がないっていうのが大事なんでしょうね。

水上　宮大工の棟梁で、薬師寺の解体工事などを手がけた西岡常一さんの本を読むと、西岡さんが職人として本当に実直だということがわかるんです。自分でもこういう職人になりたいと思ったねえ。
それからうちの父親ね。年を取ってから認知症になってしまって、私のこともわからなくなった。「おじいちゃん、俺が誰かわかる?」って訊いてもダメ。だけど工房に来てもらって「『桜(の練切)』作ってくれる?」と言って材料を渡すと、一所懸命作る。身体が覚えてるんだね。自分の息子さえ認識できないのに、「桜」は作れるの。それを見て、「ああ、こういう職人になりたい」と思ったの。

青木　それはすごいなあ。

西岡常一
一九〇八年—一九九五年。奈良県生まれ。宮大工棟梁。祖父を師に大工見習い、棟梁としての心得、口伝を伝授され、法隆寺金堂、法輪寺三重塔、薬師寺金堂や西塔などの復元を果たした。文化財保存技術者、文化功労者。

「うまい」「まずい」は世界共通の感覚

水上　でも自分がいい仕事をするだけじゃもう満足できない。このまま終わったらもったいないないし、若い子も育てたいと思うんだ。今は「修業」なんて言葉だけの世界になってしまったけど、それでもうちに来てくれた子の中から一人でも二人でも私の技術を継いでくれるなら、使命は果したと思えるんじゃないかな。

青木　真剣に命をかけてやるかどうかは、国籍とは関係ないですね。日本人であれフランス人であれ、やる人とやらない人に分かれる。フランスでは週三十五時間労働で、朝七時に出勤したら午後三時には帰ってもらうんだけど、その時間の中に掃除まで含めるタイプと、その時間内は目一杯お菓子作りに費やすタイプがいます。どちらが成長するかということですよね。

水上　基本的に満腹で育ってきたらダメなんだよ。（精神的な意味でも）腹が減っていたら、覚え方が違うし、自分でやろうという気にもなる。日本人はほとんど腹がふくれているから、なかなか職人としては育ちにくいかもしれないね。相撲だってそうでしょ。

職人は自分の腕で稼げるようになってからメシを食えよという世界。それがまったく若い子には欠落した感覚なんだよね。和菓子の世界に入ってきても日本のことは何も知らない。今年うちに入ってきた子たちもそうだよ。だからまず「日本人化計画」から始めるの。世界に出る前にまず日本。「『歳時記』を読めよ」とかね。日本文化をわからないで海外に打って出たって、そこで作れるのは日本のお菓子というだけで文化でもなんでもない。

青木　フランスでおやじさんがワークショップなんかをやっても、フランス人は発表する内容だけでなく、おやじさんが持っているものとか、フランスで見ているものに対してやけに感動しますよね（笑）。彼らは文化的なバックボーンがあるので、対比して考えるからだと思うんです。和菓子が持つ文化の深さを感じ取ってくれる。フランス人がなんであんなに偉そうにできるかというと、文化があるからなんですよね。

水上　日本の建築は木と紙と土でできているでしょう。壊すのは簡単だよ。だけどフランスは石造りが基本。だから「これはナポレオンが通った石畳だよね」とか、「この建物はどれだけ戦争をくぐり抜けてきたんだろうか」と思いながら見てる。ビルの高さだって統一されているものね。文化があるからそういうものが残るわけでしょう？　日本にはない忍耐力だよね。

青木　その分不便なところはあるけれど、それも受け入れてる。

水上　パリに行った時も街を歩いていろいろなものを見るのが好きなんです。「フォション」のショーウィンドウなんて一日見ていても飽きないと思う。最近はワーキングホリデーで日本の若い子がフランスに行きますよね。だけど技術を学ぶんなら日本のほうがすごいぐらいなんだもの。何を見るかというよりも、空気を吸ってくればいいと思うんだ。オペラ座の前に一日座って、歩いている人たちの姿を眺めるだけでもいいんだよ。朝、焼きたてのバゲットを抱えて歩く人とかさ。ある若いパティシエはオペラを見て、ちゃんと感じ取って帰ってきたよ。日本で歌舞伎を見るのと同じ。オペラやコンサート

フォション
一八八六年の創業以来、パリのマドレーヌ広場で美味追求の姿勢を守る美食トップブランド。「現代的でデラックスな食ブランド」として世界各地から旬の素材を選び、紅茶、ジャムのほか、ケーキ、惣菜などを展開している。

に行ったほうが、洋菓子に関する感性は養われると思う。

青木　おやじさんはパリでいろいろなものを見ながらも、和菓子のことを考えるわけでしょう？

水上　そうね。これにあんこをのっけて食べたらどうなるかとか、つい考えてしまう。

青木　名古屋では小倉トーストを普通に食べるでしょう？　僕は名古屋高島屋に出店してから、喫茶店のモーニングを食べてみたんだけど、隣に座ったおじさんたちも小倉トーストを食べていた。フランスでおやじさんにいただいたあんこをのせたトーストをフランス人に食べさせたら「うまい！」って言われましたよ。

水上　結局、「うまい」「まずい」という感覚は世界共通なんだと思う。おいしいあんこは世界中でおいしい。フランス人は特に「うまい」「まずい」がはっきりしているけどね。その中で生き抜いているんだから、青木さんはすごいパティシエだと思うよ。

洋菓子と和菓子で競演したい

青木　今日本に来る観光客が増えていますけれど、それでも年間観光客が八千万人を超えるフランスには遠く及びません。美食と文化があるから世界中の人が魅力を感じるわけです。四季を通じて乾燥していますしね。真夏でも石造りのホテルの中はひんやりしているから、わざわざバカンスに行く必要がない（笑）。僕は仮に一カ月夏休みが取れたら、オフシーズンで安くなっている五つ星ホテルにずっと滞在しますね。うちの若い子にも、夏場に泊まってみるといいよっていうんです。そこでムッシュたちがどんな風にサービスをしてくれるか経験してみる。それにきちんと対応できるだけの振る舞い方、人格を身に付けるためにも大事なことだと思います。

水上　そうね。日本でもちゃんとした懐石料理を出してくれる料亭に行ってみれば、素晴らしいのは料理だけじゃない。しつらえから器から何もかも違うでしょ。それを体験できるんなら全然高くないよ。授業料だと思えばいい。

青木　それから、若い人たちには何が自分にとっての幸せなのか、よく考えて欲しいと思います。僕たちの仕事はサービス業であって、人を喜ばせてなんぼの世界。サービスが幸せな人はそれでいいけれど、ただの仕事だと思ってしまえば幸せにはなれないと思うんです。たとえばこの仕事についたら、ホワイトカラーの仕事についた高校時代の友人たちとはつきあいができなくなりますよね。彼らがくつろぐ時間帯、学校が休みの時間帯に働いているわけだから。だけど満足できる自分がいればそれが幸せ。財布が厚いだけが幸せではない。おやじさんのお菓子はおいしいだけじゃなく、目に幸せなんです。人の手が作ったぬくもりがあって、小さなお菓子に日本文化の奥ゆかしさが感じられます。ヨーロッパはなんでも表明する文化だけど、和菓子は一歩控えめな日本文化の象徴だと思うんですよね。控えめだけど深い。

水上　青木さんは逆に、フランスへ出て行って、全身でフランス文化を学ぼうと胃袋から鍛えたわけでしょう。肉食文化の国に同化するために本当に努力した。そのことに対して私は畏敬

の念を持っていますよ。和菓子職人として、敬意を払わないといけないと思う。

青木　ありがとうございます。肉食の人たちはランチでもサンドイッチにサラダ、チーズ、デザートまで食べますよ。日本人みたいに「今日はそうめんでいい」なんてことはない（笑）。一食の中に塩があって酸味があって甘みがあって完成されている。あれは古来戦いが多かった国で、明日は死んでしまうかもしれないという刷り込みからきているのかも。今、おいしいものは食べておかないといけない。

水上　日本は稲作文化で腹八分目の文化。五感で食べないと満腹にならないと思う。「こんな季節になったなあ」とか「旬のものがうまいなあ」「この料理にはどんな名前が付いているんだろう」と言いながら味わうのがいいわけ。それが日本の文化であり、財産なんだけど。だけど今の若い人は肉食で、うまいことに対して即「やばい！」と反応する。

青木　僕は二十代の時にヨーロッパへ行ったんですが、赤い日本のパスポートの価値を感じることが度々ありました。敗戦国なのに、日本に対する信頼感があったんです。どこへ行っても僕が作ったものは、「お、日本人が作ったのか」と言って、安心して食べていただける。変なものが入っていないかとか、不潔なものじゃないかというふうに不安がられたことは一度もありません。それは、先人たちが恥じることのない仕事をし、信頼を得てきたからだと思います。

最近では日本文化とか和食、日本の食材についても興味津々。パリの店で抹茶とか胡麻、きなこを使ったお菓子を色々出していますが、どれも大人気です。僕はこういうものにも支えられて、パリで仕事をしているんですよね。

水上　これまで何度か一緒に仕事をしてきたけど、もっといろんなことをやりたいな。たとえば同じ歌、シャンソンでもいいからそれをテーマに決めて、お互いにお菓子を作ってみるとか。パリにある日本の会館を会場にやれるといい。

青木　ぜひやりましょう。パリでお待ちしています。

あとがき

表千家の茶道を習い始めてから、以前よりもずっと和菓子に親しんでいる。それまでは甘いものにそれほどこだわりはなかったが、稽古場で季節ごとの美しくおいしい和菓子をいただいていると、ひとつひとつのお菓子に込められた職人の思いにも目配りするようになった。何より、大人の男女が集まってあれほど真剣に和菓子について語り合う空間は茶室以外にないのではなかろうか。みな、和菓子の意匠や味、銘や器との取り合わせについて一家言持っている。茶人であれば誰もがそういうこだわりを持っているにちがいない。

そんなうるさ型の茶人から近所の子どもたちまでも満足させてきたのが水上さんである。今回、水上力さんにお会いして、けっして大きくはない店構えながらそこから生み出される「和菓子の宇宙」にすっかり魅せられてしまった。工房にうかがうといつも水上さんは作業中である。作っている和菓子は季節によって違うが、その肉体はまさに和菓子を作るために鍛えられ、作りかえられたかのようだ。色白の、だが分厚い右手。右肩から腰にかけてついたたくましい筋肉。

「一幸庵」の和菓子の中でもとりわけファンの多いわらび餅を練る水上さんの姿は、全身の力の入れ方に無駄がない。ボウルの中で練られるわらび粉は、水上さんの動きに合わせ、リズミカルな音を立てて粘度を増し始める。「ほらね」と言ってヘラを持ち上げると、そこにはなめらかなわらび餅が密着してぷるぷると震えている。そこに至るまでの何十年もの鍛錬を思わずにはいられない。

水上さんは作るだけでなく、考える人である。いつも和菓子のことを考えている。見るもの聞くものすべてが和菓子に結びつくのだ。日本の歴史、文学はいうまでもないが、ヨーロッパへ出かければそこでの見聞が和菓子に生かされる。果敢に洋菓子の世界にも斬り込んでいく。

クリスマスの時期に作られる雪だるまの薯蕷饅頭のかわいらしいこと！　西洋の民俗行事とて、日本に定着したものであれば和菓子の世界に引き寄せようと知恵をしぼる。そこには、和菓子の衰退に対する強い危機感がある。

だがやはり、水上さんが情熱を傾けるのは日本の伝統や民俗行事をきちんと受け渡していくことである。私は日本の文化を一言で語ろうとすれば、「季節感をいかに取り入れるか」ということに尽きると考えている。日本の文学や絵画、工芸、芸能はすべからく、花鳥風月や雪月花と、その中で生きる人間を描くことに情熱を傾けてきた。

食文化も同じことである。旬の食材を生かして、色や形、盛り付けまで美しくしつらえる。その極みが和菓子である。

極める人、水上さんの姿がこの本によって少しでも伝わることを願っている。

千葉　望

水上 力　みずかみ ちから

一九四八年、東京都生まれ。お菓子調進所「一幸庵」店主。和菓子職人として京都、名古屋で修業を積み、一九七七年に東京・小石川に店を構える。京菓子と江戸菓子を融合した風雅な和菓子は、茶人のみならず多くの和菓子愛好家に支持されているほか、「エコール・ヴァローナ 東京」や「ジャン・シャルル・ロシュー」といった国際的なチョコレート会社やパティスリーメゾンとのコラボレーションを積極的に行っている。また国内外で講演やデモンストレーションに取り組み、イタリアの食の展示会「イデンティタ・ゴローゼ」やトップパティシエが集まる「ルレ・デセール・インターナショナル」でのデモンストレーション、アメリカ・ロサンゼルスのジャパニーズ・アメリカン・ナショナル・ミュージアムでの講演などを担当。二〇一六年一月には、外務省による日本ブランド発信事業のひとつとしてデンマーク、チェコ、ハンガリーに派遣されるなど、国境を越えて和菓子の魅力を伝えている。著書に『ＩＫＫＯＡＮ 一幸庵 72の季節のかたち』（青幻舎）がある。

一幸庵　いっこうあん

東京都文京区小石川五―三―一五（東京メトロ丸ノ内線茗荷谷駅より徒歩五分）
電話　〇三―五六八四―六五九一

一幸庵
お菓子調進所
一幸庵
一幸庵

千葉 望 ちば のぞみ

早稲田大学第一文学部日本文学専修卒。佛教大学大学院仏教文化専攻修了。日本の伝統文化についての著作が多い。『古いものに恋をして。骨董屋の女主人たち』『古いものに恋をして。２「好き」を生きる女性たち』（共に里文出版）『旧暦で季節を楽しむ』（講談社）『日本人が忘れた季節になじむ旧暦の暮らし』（朝日新聞出版）など著書多数。

堀内 誠 ほりうち まこと

一九七九年、大阪府生まれ。フォトグラファー。二〇〇五年に日本写真芸術専門学校を卒業後、株式会社スプーン（現株式会社パレード）に入社。広告業界の第一線で活躍し、多くの広告写真を手がける。水上力の著書『ＩＫＫＯＡＮ 一幸庵 72の季節のかたち』（青幻舎）ではすべての写真を撮影した。

撮影協力 大橋茶寮
撮影ディレクション 川腰和徳
タイトルネーミング 薄 景子
撮影・対談プロデュース 南木隆助
デザイン くつま舎 久都間ひろみ

和菓子職人 一幸庵 水上力

二〇一八年四月七日 初版発行

著　者 水上力
文　　 千葉 望
写　真 堀内 誠

発行者 納屋嘉人
発行所 株式会社 淡交社
本社 〒六〇三-八五八八 京都市北区堀川通鞍馬口上ル
営業 〇七五-四三二-五一五一
編集 〇七五-四三二-五一六一
支社 〒一六二-〇〇六一 東京都新宿区市谷柳町三九-一
営業 〇三-五二六九-七九四一
編集 〇三-五二六九-一六九一
www.tankosha.co.jp

印刷・製本 大日本印刷株式会社

ISBN978-4-473-04227-9